Rock Mechanics

Felsmechanik

Mécanique des Roches

Supplementum 3

Felsmechanische Grundlagenforschung Standsicherheit von Böschungen und Hohlraumbauten in Fels

Vorträge des 21. Geomechanik-Kolloquiums
der Österreichischen Gesellschaft für Geomechanik

Basic Research in Rock Mechanics Stability of Rock Slopes and Underground Excavations

Contributions to the 21st Geomechanical Colloquium
of the Austrian Society for Geomechanics

Salzburg, 12. und 13. Oktober 1972

Edited by / Herausgegeben von
Leopold Müller-Salzburg

1974 Springer-Verlag Wien GmbH

Rock Mechanics — Felsmechanik — Mécanique des Roches

Mit 117 Abbildungen im Text und auf einer Ausschlagtafel

Additional material to this book can be downloaded from http://extras.springer.com

ISBN 978-3-211-81251-8   ISBN 978-3-7091-8372-4 (eBook)
DOI 10.1007/978-3-7091-8372-4

Index — Inhaltsverzeichnis — Table des matières

Rock Mechanics, Suppl. 3, 1—2 (1974)

Eröffnungsworte zum XXI. Kolloquium

Die große Anzahl von Felsmechanik-Tagungen der letzten Zeit, Tunnel-tagungen in Lyon und Luzern, ein Internationaler Tunnelbau-Kongreß in Chicago und ein Felshydraulik-Symposium in Stuttgart, um nur einige der bedeutendsten zu nennen, sollten eigentlich eine gewisse Kongreßmüdigkeit erwarten lassen, was den Gedanken nahelegte, die Reihe der Kolloquien in diesem Jahre zu unterbrechen. Doch hat ein einhelliger Protest gegen eine solche Pause von seiten der Mitglieder der Österreichischen Geomechanik-Gesellschaft wie auch ihrer zahlreichen Freunde erkennen lassen, daß ins-besondere das Bedürfnis nach Erörterung des Themas Tunnelbau ungeachtet der vielen Veranstaltungen sehr groß ist, und hat zugleich gezeigt, daß sich die Salzburger Kolloquien nach mehr als zwei Jahrzehnten immer noch unverminderter Beliebtheit erfreuen. So konnte auch der Versuch, die Ver-anstaltung diesmal wieder wie früher in kleinem Rahmen abzuhalten, wel-cher intimere Diskussionen ermöglicht, infolge der großen Anzahl von nahezu 500 Teilnehmern aus 13 Ländern nicht verwirklicht werden.

Dieses große Interesse ist wohl vor allem auf die hohe Aktualität der Themen Böschungssicherheit und Tunnelbau zu buchen, wobei die Zeit-bedeutung des letztgenannten den Vorausschauenden nicht erst seit jener bekannten OECD-Statistik über den immensen Bedarf an Untertagebauten in den nächsten Jahrzehnten klargeworden ist. Es geht ganz einfach nicht mehr an, jedes Jahr allein in der Bundesrepublik Deutschland 2500 km² fruchtbaren Bodens für Straßen und Industrieanlagen zu zerstören und ein Vielfaches dessen in deren Nachbarschaft durch Salz, Blei und sonstige Ab-sätze zu vergiften, wenn doch ein guter Teil dieser Anlagen unter die Erde gelegt werden könnte. Untergrundbahnen sind längst überfällige Notwendig-keiten, infolge Fehlens jeglicher Voraussicht leider erst in allerletzter Minute begonnen, obwohl seit Jahrzehnten entscheidungsreif. Kurzsichtige und un-realistische Kostenvergleiche haben bisher die untertägige Ausführung von U-Bahnen weniger wirtschaftlich erscheinen lassen, weil man jene beträcht-lichen Kosten nicht ins Kalkül zog, welche nicht der Bauträger, sondern die umgeleiteten und in Staukolonnen den Abgasen ausgesetzten Verkehrsteil-nehmer tragen. Würden unsere Ämter volkswirtschaftlich denken, dann wür-den schon längst alle untertage geführten Bahnen auch untertägig gebaut.

Wollte man die Beweggründe für den immer noch wachsenden Besuch der Salzburger Kolloquien zu analysieren versuchen, so spielten dabei außer der Anziehungskraft der Stadt gewiß auch die menschlichen Kontakte eine Rolle, welche hier in mehr als zwei Jahrzehnten geschlossen und gefestigt wurden, und es ist eine große Freude, die freundschaftlichen Begrüßungen der zahlreichen Teilnehmer zu beobachten. Diese menschlichen Kontakte sind der Effizienz des Meinungsaustausches ohne Zweifel höchst förderlich, welcher hier nicht in der üblichen Form von vorangemeldeten oder gar schriftlich abzugebenden Diskussionsbeiträgen von wenigen Minuten Dauer abgeführt wird, sondern als freie Wechselrede mit den Vortragenden, ja sogar unter den Diskutierenden selbst. Vielleicht trägt zur Beliebtheit dieser Veranstaltung auch unser Bemühen bei, tunlichst aktuelle, neue Informationen zu geben, während andere Kongreßberichte oft dadurch an Aktualität einbüßen, daß die Beiträge schon anderthalb Jahre vorher eingereicht werden müssen; in diesem Bemühen verzichten wir auf Pre-prints — welche gut auch after-reads heißen könnten —, bekommen aber dafür manchen Beitrag jüngsten Datums sozusagen noch warm aus dem Labor oder von der Baustelle. Mir persönlich schien schon immer eine Veranstaltung, welche sich lebendig im Kraftfeld der Meinungen und der Gemüter entwickelt, einer programmierten Schau vorzuziehen wert. Allzu vieles ist heute programmiert, klischiert und damit der Willensfreiheit der Menschen entzogen. Der nunmehr schon gewohnte Stil unserer Kolloquien schließt zwar Unvollkommenheiten, mitunter sogar Ungerechtigkeiten betreffend die Rede- und Diskussionszeit, auch eine gewisse Willkür von seiten der Veranstalter mit ein, doch sehen wir in diesen Nachteilen nur den Preis, der für Lebendiges, für das Leben stets gezahlt werden muß.

Vom ersten Kolloquium an war es unser Bestreben, alle zur Verfügung stehende Zeit dem eigentlichen Tagungszweck zu widmen. So haben wir auch weder Gesellschaftsabend noch Damenprogramm, da wir von Anbeginn dieser Veranstaltung immer Wert darauf legten, daß die Teilnehmer um der Sache willen kommen, um der Geomechanik willen, deren Entwicklung uns am Herzen liegt. Nur ohne einen musikalischen Ausklang geht es natürlich in Salzburg nicht ab; dabei dürfen wir uns darauf berufen, was Hans Cloos gesagt hat: Geologie sei Musik der Erde. Bei schöpferischem Tun sind wissenschaftliche und künstlerische Impulse kaum zu trennen.

Leopold Müller-Salzburg

Rock Mechanics, Suppl. 3, 3 (1974)

Experimentelle Bestimmung der Zusammenhänge zwischen Oberflächengeometrie und Reibungseigenschaften von Trennflächen in Malsburggranit (Schwarzwald)

Von

Niek Rengers

Mit einer speziell zu diesem Zweck angefertigten Prüfmaschine wurden über 100 Reibungsversuche an gespaltenen Proben des Malsburggranites durchgeführt. Die Probenfläche betrug durchschnittlich 500 cm²; maximale Normal- und Tangentialspannungen von 100 kp/cm² waren möglich. Es werden vier verschiedene Fälle des Kontaktes in der Trennfläche behandelt: passend verzahnte und nicht passend verzahnte Oberflächen, beide sowohl mit als auch ohne beim Versuch entstehendes Zerreibsel. Diese vier Fälle ergeben charakteristische Arbeitsdiagramme und Coulombsche Geraden.

Für den Malsburggranit aus dem südlichen Schwarzwald konnte festgestellt werden, welche Anteile des Bewegungswiderstandes auf drei wesentlich verschiedene Prozesse während des Reibungsvorganges zurückgeführt werden können: Grundreibung, Aufgleiten auf Unebenheiten und Abscheren von verzahnt zusammenpassenden Unebenheiten.

Der vollständige Abdruck des Vortrags ist zu finden unter:

R e n g e r s , N.: Friction properties and frictional behaviour of rock separation planes. CISM Udine 1973 (im Druck).

Rock Mechanics, Suppl. 3, 5—15 (1974)

Numerisch-photogrammetrische Kluftmessung

Von

Hans D. Preuss

Mit 5 Abbildungen

Zusammenfassung — Summary — Résumé

Numerisch-photogrammetrische Kluftmessung. Die terrestrisch-photogrammetrische Kluftmessung eignet sich zur Ergänzung der geologischen Naturbefunde und stellt einen Sonderfall der Erdbildmessung dar. Da Fallrichtung und Fallwinkel maßstabunabhängig sind, kann — bei numerischer Lösung der Aufgabe — die Feldarbeit wesentlich eingeschränkt werden. Nach Auswertung der Meßbilder in einem Stereokomparator wird die Raumstellung von Kluftflächen mit Einsatz der EDV bestimmt. Die analytische Behandlung der Meßwerte gestattet eine durchgreifende Fehleranalyse. 194 mit dem Kompaß eingemessene Klüfte werden mit dem Ergebnis der photogrammetrischen Bestimmung derselben Klüfte verglichen.

Numerical Photogrammetry Applied to Measurements of Rock-Joints. The photogrammetric determination of dip-angle and azimuth of dip-direction are treated as a special case of conventional terrestrial photogrammetry. Because the sought values are independent of scale, the amount of field work may be considerably reduced by an analytical approach to the problem. Observations obtained from stereo-comparator measurements are input to a computer program which transforms the photo-coordinates to the angular values of dip-angle and azimuth of dip direction. The analytical treatment permits a thorough error analysis. 194 compass-readings from a quarry are compared with the corresponding results of the photogrammetric determination.

Le mesurage des fissures par une méthode de la photogrammétrie numérique. Le mesurage des fissures selon les méthodes de la photogrammétrie terrestre se prête à compléter les observations géologiques. En outre, elle représente un cas spécial de la photogrammétrie terrestre. Vu que la direction et l'angle de l'inclinaison ne dépendent pas de l'échelle, c'est possible, en cas de la solution numérique du problème, de diminuer les traveaux dans le terrain.

Après avoir exploité les photos à l'aide d'un restituteur photogrammétrique on détermine la position spatiale des surfaces des fissures en utilisant le traitement électronique de l'information. Cette méthode analytique permet une analyse éfficace des erreurs. Les résultats du mesurage de 194 fissures, exécutés à l'aide de la boussole, sont comparés à ceux, gagnés par la méthode photogrammétrique.

1. Vorbemerkungen

Die direkte Einmessung von Klüften mit dem Geologenkompaß setzt voraus, daß *alle* zur statistischen Erfassung des Kluftnetzes erforderlichen Meßstellen in der Örtlichkeit aufgesucht werden können; mit anderen Worten, der aufzunehmende Aufschluß muß *begehbar* sein. Im Bereich von Felsbauprojekten ist dies nicht immer ohne Schwierigkeiten möglich oder es ist mit Gefahren für den aufnehmenden Geotechniker verbunden. Deshalb liegt es nahe, die *direkte* Messung im Fels durch ein *indirektes* Meßverfahren zu ergänzen oder sogar teilweise zu ersetzen. Unter den für diese Aufgabe möglichen indirekten Meßverfahren kann die terrestrische Stereophotogrammetrie einen ausgezeichneten Platz einnehmen.

Die bekannten Verfahren zur *Messung* der Raumstellung geologischer Flächen mit Hilfe einfacher photogrammetrischer Instrumente in Verbindung mit eigens konstruierten Hilfsgeräten wie „Stereo-Dip Comparator", „Dipping-Platen" und "Slope-Charts" — um nur einige zu nennen — genügen im allgemeinen den Anforderungen der statistischen Kluftmessung nicht. Auch die verschiedenen Vorschläge zur graphischen oder halb-graphischen Lösung der bekannten „Drei-Punkte-Methode" sind zur Gewinnung von *umfangreichem* Datenmaterial wenig geeignet. Diese Näherungslösungen werden im allgemeinen nur in Ausnahmefällen zu felsmechanischen Untersuchungen herangezogen.

Auf Anregung von Professor Müller-Salzburg hat K. Linkwitz schon vor 10 Jahren untersucht, inwieweit die konventionelle Erdbildmessung zur Erfassung der Raumstellung von Klüften geeignet ist (Linkwitz, 1963). Der von K. Linkwitz gewiesene Weg zu einer numerischen Behandlung der Aufgabe wurde erstmals von H. Klein praktisch erprobt (Klein, 1966). In Fortführung dieser Vorarbeiten wurde nun ein numerisch-photogrammetrisches Verfahren entwickelt, welches nicht mehr streng an die Methoden der klassischen Erdbildmessung gebunden ist.

Es ist charakterisiert durch eine *numerische Datenerfassung* aus *terrestrisch* aufgenommenen *Stereobildpaaren* und die *Aufbereitung der Daten* mit Hilfe elektronischer Datenverarbeitungsanlagen zu einer für den Geotechniker verwertbaren Darstellung der Kluftstellungen.

2. Geometrische Grundlagen

Das der Photographie zugrunde liegende mathematische Modell ist die Zentralprojektion (Abb. 1). Jedem Punkt P des Raumes entspricht ein und nur ein Punkt P' in der Abbildungsebene. Bei bekannter innerer Orientierung des Meßbildes, deren wichtigste Elemente die Kammerkonstante c und die Koordinaten des Durchstoßpunktes H der optischen Achse durch die Bildebene sind, können zu jedem Bildpunkt P' der Horizontal- und Höhenwinkel aus den *meßbaren* Bildkoordinaten y' und z' und der Kammerkonstanten c bestimmt werden. Jedes Meßbild liefert ein geometrisch exaktes Richtungsbündel zu allen abgebildeten Objektpunkten. Die Zentralprojektion ist nicht eindeutig umkehrbar. Jedem Bildpunkt entsprechen unendlich viele Punkte des Raumes, nämlich alle auf dem Strahl $P'\,OP$. Deshalb kann ein räumliches Objekt aus einem Bild allein nicht rekonstruiert werden. Verwendet man jedoch zwei Richtungsbündel mit zwei verschiedenen Projektionszentren als

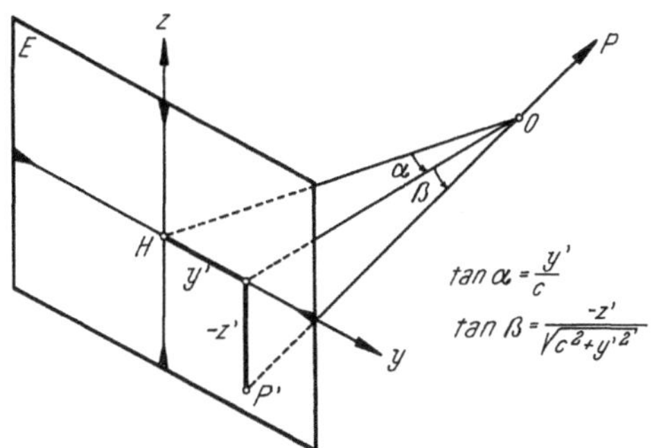

Abb. 1. Koordinaten- und Winkelbeziehungen im idealisierten Meßbild
E Bildebene; O Projektionszentrum; α, β Horizontal- bzw. Höhenwinkel

Relationship between coordinates and angles in an idealized measuring photo
E image plane; O projection center; α, β horizontal resp. vertical angle

Les relations entre les coordonnées et les angles dans l'image photogrammétrique idéalisé
E plan de projection; O centre de projection; α, β angle horizontal et angle vertical

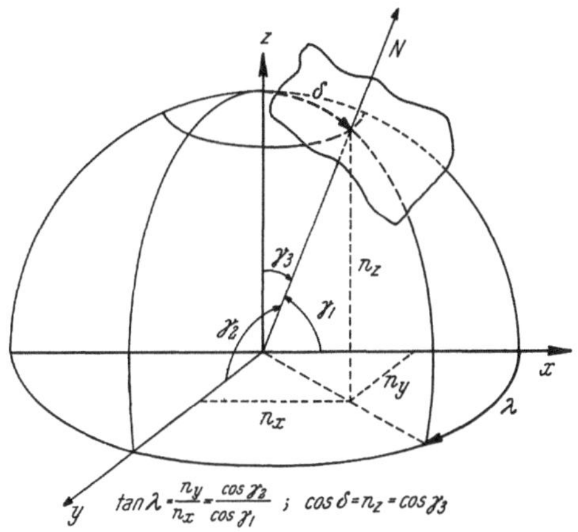

Abb. 2. Tangentialebene an eine Kugel
λ Fallrichtung; δ Fallwinkel; N Normalvektor; n_x, n_y, n_z Koordinaten des Berührpunktes
($\triangleq$ Richtungskosinus)

Tangential plane to a sphere
λ azimuth of dip direction; δ dip-angle; N normal; n_x, n_y, n_z coordinates of point of tangency
($\triangleq$ direction cosine)

Plan tangential à une sphère
λ direction de chute; δ angle de chute; N normale; n_x, n_y, n_z coordonnées du point de tangente
($\triangleq$ cosinus de direction)

Träger, dann können Raumkoordinaten nach dem Prinzip des räumlichen Vorwärtseinschnittes berechnet werden.

Gelingt es, die Raumkoordinaten von mindestens drei Punkten einer Kluftfläche zu bestimmen — sie dürfen nicht auf einer Geraden liegen — so kann die Raumstellung der durch diese drei Punkte definierten Ebene nach den Regeln der analytischen Geometrie eindeutig bestimmt werden. Zur Unterscheidung zwischen der Naturerscheinung *Kluftfläche* und deren analytischem Ersatzmodell wird letzteres als *Kluftebene* bezeichnet.

Die Orientierung der Kluftebene im Raum kann durch verschiedene Parameter festgelegt werden. Zweckmäßigerweise wählt man die drei Richtungskosinus des auf der Kluftebene senkrecht stehenden Einheitsvektors (Abb. 2). Die Richtungskosinus sind die Koordinaten des Berührungspunktes der Kluftebene mit der Einheitskugel, also direkt die Koordinaten des Lotpunktes auf der Lagenkugel. Sind diese bekannt, dann folgen die beiden Bestimmungsstücke der Fallinie λ und δ, aus einfacher trigonometrischer Rechnung.

3. Feldarbeiten

In der Praxis wird die aufzunehmende Felspartie von zwei ihr gegenüberliegenden Standpunkten aus mit einer Meßkammer — z. B. einem Phototheodoliten — photographiert. In der klassischen Erdbildmessung werden normalerweise noch weitere Größen nach vermessungstechnischen Gesichtspunkten bestimmt:

— der Abstand der Aufnahmeorte;

— die Koordinaten mindestens eines Standpunktes, bezogen auf ein Landeskoordinatensystem;

— die Richtung der Basis und die Richtungen der Aufnahmeachsen;

— die Koordinaten von mindestens zwei Lage- und drei Höhenpaßpunkten, die im Bild eindeutig identifiziert werden können;

Für die reine Feldarbeitszeit kann man einen halben Tag pro Standlinie ansetzen. Hinzu kommen noch die häuslichen Arbeiten zur Berechnung der Stand- und Paßpunktkoordinaten.

Die numerisch-photogrammetrische Kluftmessung stellt nun einen Sonderfall der Erdbildmessung dar. Aus der Tatsache, daß die gesuchten Bestimmungsstücke maßstabunabhängig sind, folgt, daß die Kluftebenenstellungen in einem freien Koordinatensystem mit beliebigem Maßstab ermittelt werden können. Dies wirkt sich vorteilhaft auf die Aufnahmearbeiten aus, die reduziert werden können auf

— die photographische Aufnahme des interessierenden Aufschlusses von zwei Standpunkten aus mit *genähert* parallelen Aufnahmeachsen aus beliebiger Entfernung und Richtung,

— und die Beobachtung von Richtungs- und Zenitwinkeln zu mindestens drei Geländepunkten, die im Photo eindeutig identifizierbar sind, mit einem Theodoliten. Da es sich nicht um Paßpunkte im üblichen Sinne handelt — ihre Koordinaten bleiben unbekannt — werden diese Punkte als Paßziele bezeichnet. Der Richtungssatz zu den Paßzielen wird nach einem Fernziel mit bekanntem Azimut orientiert. Das Paßstrahlenbündel muß nicht in einem der Aufnahmestandpunkte gemessen werden. Die Exzentrizität kann mehr als den Abstand der Aufnahmeorte betragen, ohne daß die Größe des Exzentrums bekannt sein muß.

Bei einigermaßen begehbarem Gelände zwischen den Aufnahmeorten wird die reine Feldarbeitszeit kaum zwei Stunden überschreiten. Die Berechnung von Stand- und Paßpunktkoordinaten entfällt völlig. Ein weiterer Vorteil liegt darin, daß die Aufnahmeorte nicht gegenseitig sichtbar zu sein brauchen, was — zusammen mit der Verwendung eines unbekannten Exzentrums — die Auswertung und Orientierung von Aufnahmen, die ursprünglich nicht für eine Kluftmessung, sondern z. B. zum Zwecke der Kluftinterpretation aufgenommen worden sind, außerordentlich erleichtert. Für einen solchen Fall muß allerdings vorausgesetzt werden, daß die innere Orientierung der Aufnahmekammer für den Zeitpunkt der Aufnahme bekannt ist oder nachträglich bestimmt werden kann.

4. Auswertung der Meßbilder

Die Originalnegative oder Kontaktdiapositive der Meßbildpaare werden in einem Stereokomparator mit automatischer Datenregistrierung ausgewertet. Gemessen werden die Bildkoordinatenpaare y', z' homologer Bildpunkte — simultan im linken und rechten Meßbild — von mehr als drei Punkten jeder zu erfassenden Kluftfläche. Diese erwünschte Überbestimmung wird zur Ausgleichung und Fehlerrechnung herangezogen. Durch festgelegte mehrstellige Kennziffern können Bereiche und Kluftarten unterschieden werden. Da die Auswertung unter stereoskopischer Betrachtung erfolgt, entfällt eine Markierung der einzelnen Punkte einer Kluftfläche im Meßbild. Zusätzlich werden die Bildkoordinaten der Paßziele und weiterer fünf Hilfspunkte bestimmt. Nach Auswertung des Stereobildpaares liegt ein *digitales Modell* des Kluftnetzes vor. Die Datenerfassung ist damit abgeschlossen.

5. Aufbereitung der Meßwerte

Die Datenaufbereitung erfolgt mit einem Computerprogramm, in welches die automatisch registrierten Bildkoordinaten — ohne manuelle Zwischenbehandlung — und die im Feld gemessenen Paßrichtungen eingegeben werden. Die Umwandlung der gemessenen Bildkoordinaten zu Fallwinkel und Fallrichtung der Kluftebenen bzw. den Lotpunktkoordinaten erfolgt in einem cartesischen Koordinatensystem mit Ursprung im linken Projektionszentrum.

In einem ersten Rechenschritt werden durch eine Ausgleichung nach der Methode der kleinsten Quadrate Transformationsparameter bestimmt, die das rechte Bildkoordinatensystem in ein System parallel zum linken Bildkoordinatensystem überführen. Darauf werden durch räumliche Vorwärtseinschnitte die Raumkoordinaten der Kluftpunkte berechnet. Der Ursprung dieses räumlichen Systems liegt weiter im linken Projektionszentrum; sein Maßstab ist durch eine zur Einheit gewählte Basiskomponente bestimmt. In diesem System werden die Richtungskosinus der Kluftebenennormalen berechnet, und zwar wiederum nach der Methode der kleinsten Quadrate, wobei die Summe der Quadrate der lotrechten Abstände der Kluftpunkte von der Ebene zum Minimum gemacht wird. Die ausgleichende Kluftebene ist — unter der meist gültigen Annahme, daß Kluftflächen *Fast-Ebenen* sind — die der Kluftfläche bestangepaßte mathematische Ersatzfigur. Eine Untersuchung der Fehlereigenschaften der ausgleichenden Ebene zeigt, daß kleine Kluftebenen mit geringerer Genauigkeit bestimmt werden können als großflächige Kluftebenen, wobei die Dimensionen nicht absolut sondern in Bezug auf den Bildmaßstab zu verstehen sind. Für ein eingehenderes Studium der interessanten Eigenschaften der ausgleichenden Ebene sei auf Linkwitz (1967) hingewiesen.

Die im photogrammetrischen Arbeitssystem berechneten Kluftstellungen werden in das geologische, nord- und horizontorientierte System mit Hilfe des Paßstrahlenbündels überführt. Die dafür erforderlichen Transformationsparameter gehen wiederum aus einer Ausgleichung mit überschüssigen Beobachtungen hervor. Die durchgehend analytische Behandlung erlaubt, alle im Zuge der Berechnung akkumulierten Korrelationen zwischen den Beobachtungen — Bildkoordinaten und Paßstrahlen — und den zunächst unbekannten Transformationsparametern bei der Ermittlung der mittleren Fehler der Fallinien bzw. Lotpunktkoordinaten zu berücksichtigen.

Schließlich erfolgt — gesteuert durch eingegebene Kennziffern — die gewünschte Ergebnisdarstellung. Dafür sind gegenwärtig folgende Optionen vorgesehen:

— die Ausgabe von Fallrichtung und Fallwinkel in Listen und auf Lochkarten, mit Fehlerrechnung;

— Ausgabe auf Lochkarten im Format für die Eingabe in das Gefügekundliche Programmsystem GELI 1 (Adler, Krückeberg u. a. 1968);

— Ausgabe eines Steuerlochstreifens für Off-line Zeichenanlagen zum automatischen Zeichnen von Lotbildern in flächentreuer (Lambertscher) Azimutalprojektion bzw. Ausgabe der Lotbilddaten auf einen One-line plotter.

6. Praktische Anwendung und Erfahrungen

Als Aufnahmegebiet für einen Vergleich zwischen konventionell erhobenen und photogrammetrisch ermittelten Kluftdaten wurde, in Zusammenarbeit mit Professor Müller-Salzburg, ein Granitsteinbruch bei *Raumünzach*

im *Schwarzwald* ausgewählt. Die geologische Feldaufnahme besorgte Niek
Rengers, damals *Karlsruhe,* durch Einmessen von 213 über den ganzen
Steinbruch verteilten Klüften mit dem Geologenkompaß. Für die photogram-

Abb. 3. Meßbild (Vergrößerung) mit Kennzeichnung der eingemessenen Flächen
Unten: Polaroidphoto der geologischen Feldaufnahme

Measuring photo (enlargement) with observed joints marked
Below: Polaroid picture from geologic field work

L'image photogrammétrique (agrandissement) avec des fissures marquées
En bas: Un photo Polaroid du mesurage géologique

metrische Bestimmung der eingemessenen Klüfte wurde der Steinbruch von
5 Standlinien aus mit einem Phototheodoliten *TAF* photographiert. Der mittlere Aufnahmeabstand betrug 90 m.

Um die eindeutige Korrespodenz der Kluftdaten sicherzustellen, wurden
die mit dem Kompaß eingemessenen Klüfte an Ort und Stelle in Polaroid-
photos eingetragen, fortlaufend numeriert und später in Vergrößerungen der
Meßbilder übertragen (Abb. 3). Die photogrammetrische Auswertung erfolgte
in einem WILD Stereokomparator StK und einem ZEISS Präzisionsstereo-
komparator PSK; die Berechnung der Kluftdaten nach dem hier skizzierten
Verfahren. Von den 213 mit dem Kompaß eingemessenen Klüften konnten
nur 194 photogrammetrisch bestimmt und mit der Feldaufnahme verglichen

werden (Abb. 4 und 5). Die übrigen waren von den Aufnahmestandpunkten
aus nicht einzusehen.

Die absoluten Differenzen zwischen den mit dem Kompaß eingemessenen
und den photogrammetrisch ermittelten Kluftstellungen zeigen eine zufrieden-
stellende Übereinstimmung (Tab. 1). Wegen der geringen Anzahl schwach
geneigter Flächen kann der Vergleich für den Bereich $\delta < 60^0$ nicht als
repräsentativ gelten. Dennoch scheint die bekannte Abnahme der Genauigkeit der mit dem Kompaß eingemessenen Richtungen bei abnehmender Flä-
chenneigung bestätigt zu werden. Die aus der konsequenten Anwendung des
Fehlerfortpflanzungsgesetzes für korrelierte Beobachtungen hervorgegangenen
mittleren Fehler der photogrammetrischen Bestimmung lassen eine entspre-

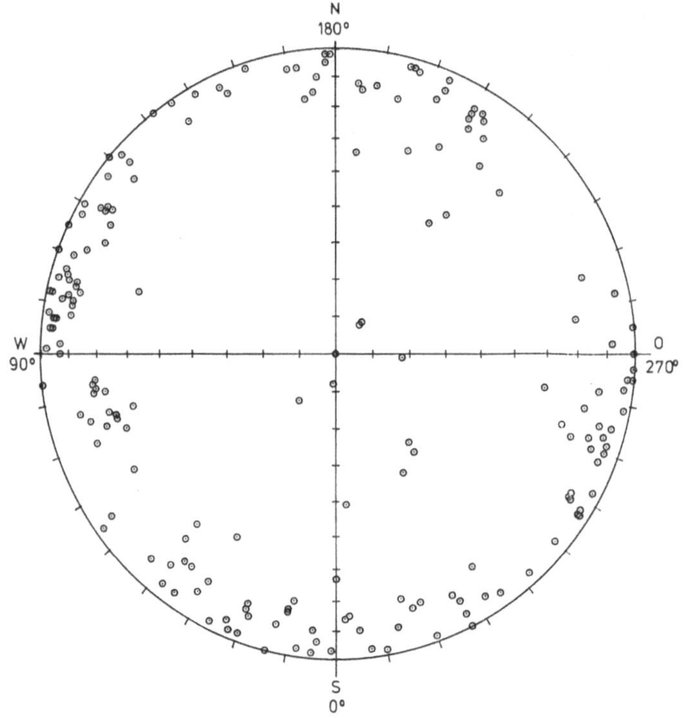

Abb. 4. Lotbild der Kompaßmessungen
Stereographic diagram of the compass measurements
Diagramme de sphère reçu par mesurage avec boussole magnétique

chende Abhängigkeit von der Tangensfunktion erkennen; die *Richtung* einer
horizontalen Fläche ist unbestimmt.

Die numerisch-photogrammetrische Kluftmessung — isoliert betrachtet
— nutzt die *geometrischen* Eigenschaften des Meßbildes. Die Deutung thema-
tischer Bildinhalte für Kluftstudien soll ganz bewußt dem berufenen Fach-
mann überlassen bleiben. Dennoch ist die Bildmessung und die Bildinter-
pretation im Falle der Kluftmessung eng verknüpft. Die selbstverständliche

Tatsache, daß eine Kluftspur oder eine Kluftfläche erst aus dem Bildinhalt „heraus-interpretiert" werden muß, bevor die zu ihrer analytischen Bestimmung notwendigen geometrischen Größen gemessen werden können, hat weitreichende Konsequenzen.

Der Auswerter am Komparator ist im allgemeinen nicht geologisch vorgebildet, und er kann deshalb die der eigentlichen Messung vorangehende Interpretation nicht so selbständig durchführen, wie er es von topographi-

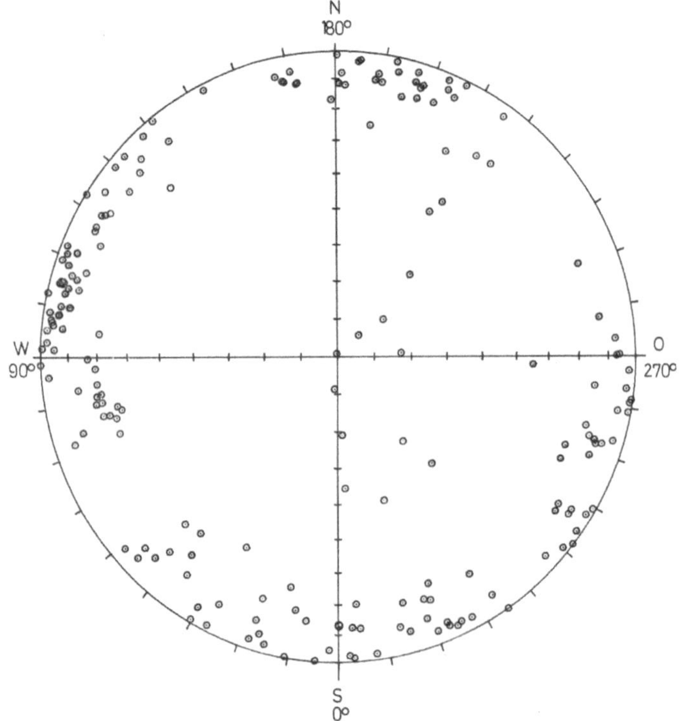

Abb. 5. Lotbild der photogrammetrisch bestimmten Kluftstellungen
Stereographic diagram of the photogrammetrically determined joints
Diagramme de sphère reçu par la méthode photogrammétrique

schen Auswertungen her gewohnt ist. Die zu bestimmenden Klüfte müssen ihm in einer Form angegeben werden, die einen möglichst schematischen Ablauf des Meßvorganges gewährleistet. Dafür gibt es im Prinzip zwei gänzlich verschiedene Möglichkeiten: die Auswertung nach einem vorgegebenen Raster oder die Kennzeichnung der zu bestimmenden Kluftflächen in Vergrößerungen der Meßbilder durch einen erfahrenen Felsinterpreten, der, aufgrund seiner Erfahrung, die zu bestimmenden Flächen unter stereoskopischer Betrachtung in den Bildern markieren kann. Dabei ist es nicht notwendig, daß jede Fläche gekennzeichnet wird. Es reicht aus, wenn Bereiche, in denen alle meßbaren Flächen erfaßt werden sollen, von Bereichen, in denen nur einzelne

Flächen bestimmt werden müssen, unterschieden werden. Ist der Auswerter durch solche Angaben auf die Meßstellen hingewiesen, kann mit einer Dauerleistung von 20—30 Kluftflächen (à 5—6 Punkten) pro Komparatorstunde gerechnet werden; wobei der für den Laien erkennbare Regelungsgrad auf die Auswerteleistung nicht ohne Einfluß zu sein scheint. Sie fällt mit zunehmender Ungeregeltheit ab. Für die zur Orientierung zusätzlich zu messenden Größen sind pro Modell etwa 10 Minuten notwendig.

Tabelle 1

Vergleich der Kompaßmessungen mit der photogrammetrischen Bestimmung

Comparison Between Compass Measurements and Photogrammetric Determination

$\Delta\delta$, $\Delta\lambda$ absolute differences; m_δ, m_λ r. m. sq. error of photogrammetric determination

Le mesurage photogrammétrique en comparison du mesurage par boussole magnétique

$\Delta\delta$, $\Delta\lambda$ différences absolues; m_δ, m_λ erreur moyenne de la détermination photogrammétrique

		$\delta \geqq 0^0$	$\delta \geqq 60^0$	$\delta < 60^0$
	Fallwinkelbereich			
	Anzahl = 100%	194	179	15
Photogr.-Kompass Abs. Differenzen	$\Delta\delta \leqq 5^0$	80%	80%	80%
	$\Delta\lambda \leqq 5^0$	71%	73%	53%
	$5^0 < \Delta\delta \leqq 10^0$	16%	17%	7%
	$5^0 < \Delta\lambda \leqq 10^0$	18%	18%	20%
	$\Delta\delta > 10^0$	4%	3%	13%
	$\Delta\lambda > 10^0$	11%	9%	27%
mittlerer Fehler der Photogrammetrie	$\pm m\delta \leqq \pm 5^0$	96%	96%	100%
	$\pm m\lambda \leqq \pm 5^0$	89%	92%	60%
	$\pm 5^0 < \pm m\delta \leqq \pm 10^0$	4%	4%	—
	$\pm 5^0 < \pm m\lambda \leqq \pm 10^0$	10.5%	8%	33%
	$\pm m\delta > 10^0$	—	—	—
	$\pm m\lambda > 10^0$	0.5%	—	7%

Für eine Auswertung nach einem vorgegebenen Raster, dessen Maschenweite vom Regelungsgrad abhängig ist, und wiederum vom Geologen vorgegeben werden sollte, ist der Komparator als Auswertegerät ungeeignet, da mit ihm keine vorgegebenen, nicht im Meßbild markierten Linien abgefahren werden können. Kann man aber bei der Anlage der Aufnahmestandlinien gerätebedingte Einschränkungen in Kauf nehmen, dann ist das entwickelte Verfahren auf eine Auswertung in Analoggeräten mit automatischer Datenausgabe übertragbar. Bei entsprechender maschineller Konfiguration ist dann eine Rasterung gut möglich.

Bei markierten Meßstellen ist die Stundenleistung der Analogauswertung der Komparatorleistung wohl überlegen, was jedoch durch 2—4 Stunden Orientierungszeit für jedes Stereomodell wieder weitgehend verloren gehen kann. Zeitvergleiche zwischen Komparator- und Analogauswertung sowie zwischen Flächenangabe und Rasterung sind in Vorbereitung.

7. Schlußbemerkung

Die numerisch-photogrammetrische Kluftmessung kann einerseits die herkömmliche Arbeitsweise des Felsbauers zur Erhebung gefügestatistischer Felddaten ergänzen und sogar teilweise ersetzen und andererseits der Gefügestatistik umfangreicheres und statistisch besser gesichertes Beobachtungsmaterial liefern; sie kann ein wertvolles Hilfsmittel sein, wenn sie als Ergänzung der Naturbefunde des Geotechnikers verstanden wird. Kluftmessung und Kluftinterpretation, d. h. Nutzung der metrischen und der thematischen Bildinhalte sind zwei untrennbare Bestandteile der Gesamtaufgabe "photogrammetrische Kluftmessung", die in Zusammenarbeit zwischen Felsbauer und Photogrammeter gelöst und sinnvoll eingesetzt werden kann.

Literatur

Adler, R. E., F. Krückeberg u. a.: Elektronische Datenverarbeitung in der Tektonik. Clausth. Tekt. H. 8, Clausthal-Zellerfeld: E. Pilger, 1968.

Klein, H.: Bestimmung von Kluftstellungen mit Hilfe der terrestrischen Photogrammetrie. Nicht veröffentlichte Studienarbeit, Stuttgart 1966.

Linkwitz, K.: Terrestrisch-photogrammetrische Kluftmessung. Felsmech. u. Ing. Geol. I/2, 152—159, 1963.

Linkwitz, K.: Anwendungen des Matrix-Eigenwertproblems in der Ausgleichungsrechnung. Bull. Geod. *85*, 261—264, 1967.

Anschrift des Verfassers: Hans D. Preuss, Institut für Anwendungen der Geodäsie im Bauwesen, Universität Stuttgart, Keplerstraße 10, D-7000 Stuttgart 1, Bundesrepublik Deutschland.

Rock Mechanics, Suppl. 3, 17—29 (1974)

Zur Definition des Durchtrennungsgrades

Von

Klaus E. H. Müller

Mit 9 Abbildungen

Zusammenfassung — Summary — Résumé

Zur Definition des Durchtrennungsgrades Die von Pacher (1959) gegebene
Definition des „Durchtrennungsgrades" als Maß für die durch Klüftung hervor-
gerufene Schädigung des Gesteins hat ohne Zweifel dem Verständnis der natur-
gegebenen Zusammenhänge sehr gedient; sie erweist sich aber auf die Dauer als
ergänzungsbedürftig. Geometrisch setzt das dieser Definition zugrunde liegende
Gedankenmodell zeilenförmig (in parallelen Ebenen) angeordnete Fugen voraus;
bruchmechanisch setzt es ein mehr oder minder fugenparalleles Fortreißen des Neubruches von Fugenende zu Fugenende voraus, was in vielen Fällen mit dem tatsächlichen Bruchverhalten klüftiger Felsmassen nicht übereinstimmt.

Der Versuch, andere Definitionen eines Maßes der Materialdurchtrennung vorzuschlagen, beschränkt sich auf die geometrische Erfassung von Fugengefügen (zunächst zweidimensional an den Fugenausbissen einer Schar), welche einer anschlie-
ßenden mechanischen Deutung als Grundlage dienen soll. Möglichkeiten einer Neu-
formulierung scheinen sich zu bieten, wenn man einerseits für einen Meßstreifen
definierter Länge und Breite die Fugenausbisse unter Berücksichtigung ihrer Anzahl
und Länge bestimmt („Meßstreifenauszählung"); oder wenn man andererseits die
Entfernung und Richtung von jeweils einem Fugenende zum nächsten unter Einbeziehung der zugehörigen Fugenlängen als Maß für die vorhandenen Materialbrücken
verwendet („Koordinatendarstellung der Materialbrücken"). Durch die Angabe der
Koordinaten der Fugenmittelpunkte (Schwerpunkte) und der diesen entsprechend der
Fugengröße zugeordneten Gewichte kann ein einschariges Fugenfeld räumlich dargestellt (und rechnerisch behandelt) sowie die Verteilung der Fugen charakterisiert
werden („Verteilung der Fugenmittelpunkte"). Schließlich kann ein statistisches Maß
der Durchtrennung, welches mehrere Scharen berücksichtigt, durch den Grad bis
zu welchem virtuelle Kluftkörper bereits realisiert, d. h. rundum von Fugen begrenzt
sind, gegeben werden.

On the Definition of the „Degree of Separation". The definition of joint
continuity given by Pacher (1959) as a proportion for rock impairment has no
doubt served to understand the natural relationships. This, however, requires to
be supplemented.

Geometrically, this definition assumes a linear ordered joint model (joints in
parallel planes) where failure occurs by new fractures oriented more or less parallel
to the joints connecting one joint to the other which is not true for many cases of
jointed materials.

An attempt to give another definition of the measure of material discontinuity involves only the geometrical considerations of the joint system (first of all for a two dimensioned case of a single joint set) which may serve as a base for the final mechanical interpretation.

The formulation of a new definition is possible by determining the number and length of joint-lines per unit area in a strip of definite length and width (joint density method) or defining the distance (related to the joint length) and the direction from one joint tip to the next one as a statistical measure for the material discontinuity (coordinate description of material bridges). By giving the coordinates of the joint centres and the corresponding values of the joint lengths, the joint set as well as the joint distribution may be three-dimensionally characterized (distribution of joint centres).

Finally, a statistical value of the joint continuity is given by the ratio of the joint surface of a virtual unit rock block to its total surface (after complete separation), taking into account a number of joint sets.

Sur la définition du "degré de séparation". La définition du "degré de séparation" de Pacher (1959) a fourni une bonne description du jointement. Avec le progrès dans la mécanique de roches, elle demande quelques complètements. L'hypothèse géométrique de ce modèle d'idée est une distribution des diaclases dans des plans parallèles.

Du côté de la mécanique de rupture, elle suppose une propagation de la fissuration de l'extrémité d'un diaclase au bout d'un autre, ce qui correspond rarement au comportement réel de rupture des roches fissurées.

L'essai de proposer une définition amplifiée de la séparation des roches se borne à décrire la géométrie des joints. Cette description sera la base d'une explication mécanique. Une meilleure façon de formuler la séparation des roches consisterait à compter le nombre des affleurements de diaclases dans une zone à mesurer d'une longueur et largeur définies; ou encore à déterminer la longueur et l'orientation de droite joignant l'extrémité d'une fissure au bout d'une autre ainsi que la longueur de la fissure. La deuxième définition nous donne une indication sur les parts de roche intacte. En déterminant les coordonnées du centre d'une fissure avec une information sur la longueur de la fissure, on peut décrire un groupe de diaclases parallèles. Une troisième méthode serait de décrire plusieurs groupes de diaclases et ainsi de fournir une indication jusqu'à quel degré un élément de roche virtuel est séparé des autres par des fissures.

Bekanntlich hängt die Festigkeit von Fels wesentlich davon ab, in welchem Grade und in welcher Art das Gestein zerlegt — zerklüftet ist. Um ein Maß für die Zerlegung des Gesteins anzugeben (Roš und Eichinger, 1928, sprachen bei ihren Materialversuchen von „Schädigung"), wurden schon bald „Kennziffern des Flächengefüges" im Sinne statistischer Größen eingeführt (Pacher 1959).

Die „Klüftigkeitsziffer" k nach Stini (bei Clar 1939), welche auch „Kluftdichte" genannt wird, ist die auf die Längeneinheit bezogene Anzahl n derjenigen Fugen*, welche von einer beliebig gelegten Meßstrecke der Länge l

---

* Um Mißverständnissen vorzubeugen, wird der in der Felsmechanik und Baugeologie übliche Ausdruck „Kluft", welcher in der geologischen Literatur nicht eindeutig verwendet wird, durch den von Sander eingeführten übergeordneten Begriff „Fuge" ersetzt; synonym wird der Ausdruck „Diskontinuitätsfläche" gebraucht.

geschnitten werden, $k = n/l$ [m^{-1}]. Der Grad der Gesteinszerlegung wird jedoch durch die Klüftigkeitsziffer, welche lediglich die Eng- oder Weitständigkeit von Fugenscharen in Richtung der Meßstrecke kennzeichnet, nicht hinlänglich charakterisiert. Denn zwei hinsichtlich Anzahl, Größe und Lage ihrer Diskontinuitätsflächen äußerst unterschiedliche Gesteinsverbände können durchaus dieselbe Klüftigkeitsziffer aufweisen.

Definitionen nach Pacher

Die Notwendigkeit, im Hinblick auf die Anlage von Neubrüchen quantitative Aussagen über die Erstreckung von Fugen einer Schar zu machen, führte zur Formulierung des „Durchtrennungsgrades" $\varkappa$. Nach P a c h e r (1959)

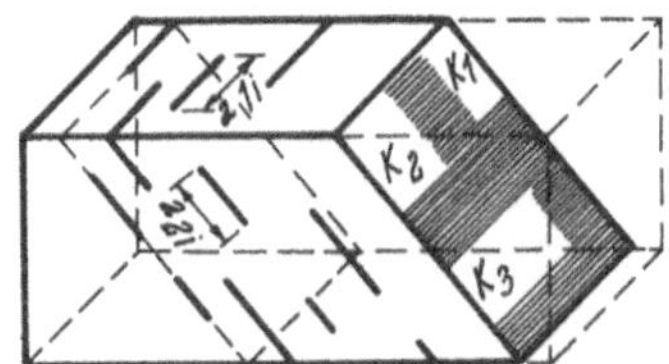

Abb. 1.

Räumlicher Durchtrennungsgrad – Spacial joint continuity – Degré de séparation dans l'espace

$$\varkappa_r = \frac{\Sigma K_i}{V} \ [\mathrm{m}^{-1}]$$

Ebener Durchtrennungsgrad — Plane joint continuity — Degré de séparation dans le plan

$$\varkappa_e = \frac{\Sigma K_i}{A} \leqq 1$$

ist der „ebene Kluftflächenanteil" $\varkappa_e$ — synonym „ebener Durchtrennungsgrad" genannt — definiert als der Flächenanteil der Fugenflächen K_i an einer gedachten, diese enthaltenden ebenen Schnittfläche A (siehe Abb. 1).

$$\varkappa_e = \frac{\Sigma K_i}{A} \leqq 1$$

Übrigens hat auch T e r z a g h i (1962) in gleicher Weise wie P a c h e r den ebenen Durchtrennungsgrad definiert und nennt das Verhältnis der in einem Schnitt gelegenen Fugenflächen zur Gesamtschnittfläche „effective joint area".

Unmittelbar meßbar ist im allgemeinen jedoch nur der „lineare Durchtrennungsgrad" $\varkappa_l$ als der Längenanteil der Fugenausbisse a_i an einer diese enthaltenden Meßstrecke der Länge l (siehe Abb. 2).

$$\varkappa_l = \frac{\Sigma e_i}{l} \leqq 1$$

Vom linearen Durchtrennungsgrad muß auf den ebenen geschlossen werden, dessen Wert stets kleiner ist, theoretisch jedoch im Grenzfall auch gleich groß sein kann. Um wieviel kleiner, hängt von der Form der Fugen, ihrer Verteilung in der Schnittfläche A sowie von der Richtung der in der Schnittfläche A liegenden Meßstrecke ab. Genauere Aussagen können gemacht werden, wenn

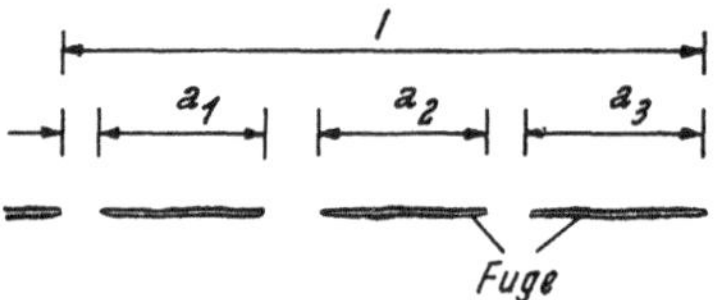

Abb. 2. Linearer Durchtrennungsgrad — Linear joint continuity — Degré de séparation linéaire

$$\varkappa_l = \frac{\Sigma a_i}{l} \leqq 1$$

die Fugenausbisse in mindestens zwei möglichst normal zueinander und zu den Fugen liegenden Flächen aufgeschlossen sind (siehe auch Pacher 1959).

Der „räumliche Kluftflächenanteil" $\varkappa_r$ (auch „räumlicher Durchtrennungsgrad" genannt), ebenfalls nach Pacher (1959), gibt den auf das Volumen des betrachteten Bereiches bezogenen Flächeninhalt aller in diesem enthaltenen Fugen an (siehe Abb. 1).

$$\varkappa_r = \frac{\Sigma K_i}{V} \, [\mathrm{m}^{-1}]$$

Kritische Überlegungen

Die Formulierung des „ebenen Kluftflächenanteiles" geht von einem Denkmodell aus, bei welchem die betrachteten Fugen in einer Ebene liegen; in einem Schnitt normal zu dieser Ebene zeigen ihre Ausbisse dann Zeilenanordnung (siehe Abb. 1 und 3). Denn nur bei Zeilenanordnung können mehrere Fugen in derselben als Ebene gedachten Querschnittsfläche A liegen. Eine solche Zeilenanordnung der Fugen ist im Gebirge jedoch äußerst selten zu finden, wenn man von Schichtfugen oder voll durchtrennenden Fugen einer Schar absieht, für welche die Bestimmung des ebenen Kluftflächenanteiles — entsprechende Aufschlüsse vorausgesetzt — ohnehin keine Schwierigkeiten bereitet. Auch bei Modellversuchen an Ton-Wasser-Gemischen, welche am „Bochumer Deformationstisch", aufbauend auf die Arbeiten von Hoeppener u. a. (1969) durchgeführt wurden und insbesondere hinsichtlich des entstehenden Bruchflächengefüges eine erstaunlich hohe bis ins Detail gehende Naturentsprechung zeigen, konnten nur vereinzelt mehrere in derselben Ebene liegende Bruchflächen festgestellt werden.

In der Praxis der Felsmechanik hilft man sich über diese Schwierigkeiten zunächst hinweg, indem man sich im konkreten Fall vorzustellen versucht,

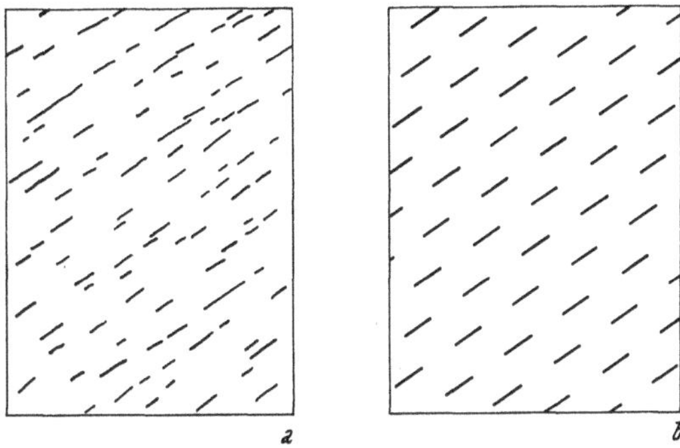

Abb. 3. Einschariges Fugenfeld
a) Natürliche Anordnung von Fugen (Gebirgsaufschlüsse, tektonische Experimente); b) Zeilenanordnung von Fugen (felsmechanische Berechnung und Modellversuche)

Single joint set
a) Natural arrangement of joints (rock exposure, tectonic experiments); b) linear arrangement of joints (rock mechanics calculations and model tests)

Système unique de joints
a) Système de joints dans la nature; b) système de joints idéalisé

wie sich der Bruch entlang einer Fast-Ebene entwickeln könnte, und mißt entlang dieser Fast-Ebene Fugen und Materialbrücken (vgl. Abb. 4 b).

Bezüglich der Bruchfortpflanzung setzt das dem ebenen Kluftflächenanteil zugrunde liegende Konzept aber stillschweigend voraus, daß der Neubruch bei Beanspruchungen, bei welchen dieses Konzept angewendet wird, auf kurzem Wege von Fuge zu Fuge die Materialbrücken etwa in der Ebene der Fugen überwinden wird, sofern die Fugen auch nur einigermaßen auf einer Linie bzw. in einer Ebene liegen und die Orientierung des Neubruches mit der Fugenstellung einigermaßen übereinstimmt. Diese Vorstellungen treffen in vielen Fällen jedoch nicht zu.

Denn selbst wenn die neuerliche Beanspruchung dieselbe ist wie diejenige, welche zur Entstehung der Fugen führte, kommt es häufig nicht zur Vereinigung mehrerer in einer Ebene liegender Fugen, zumindest nicht bei vorhandener Anisotropie (vgl. Brinkmann, Giesel, Hoeppener 1961). Auch im Experiment reißen die Fugen mit erstaunlicher Richtungskonstanz weiter (vgl. Abb. 4), bedingt durch die Anlage von Anisotropieflächen in einem Frühstadium der Deformation. Diese werden nach Hoeppener „Fließflächen" genannt (Hoeppener u. a. 1969) und sind mit den aus der Werkstoffforschung bekannten „Lüdersschen Linien bzw. Flächen" verwandt, vielleicht sogar identisch. Bei geänderter Deformation — der sogenannten „Überprägung" eines Fugengefüges (Sander 1948) — treten noch weit weniger gerad-

linige Rißfortpflanzungen von Fuge zu Fuge (in der Ebene der Fugen) auf,
dagegen in der Regel „Staffelbrüche" (siehe Abb. 5). (Unter welchen Bedingungen geradliniges Durchreißen von Fugenende zu Fugenende bei einer
Fugenfolge auftritt, müßte an Experimenten noch näher untersucht werden;
siehe Diaz und Hilsdorf, 1971.)

Wie vorstehend erwähnt, wird das Konzept von Pacher im allgemeinen
nur dann angewendet, wenn keine Staffelbrüche zu erwarten sind. Die Ermitt-

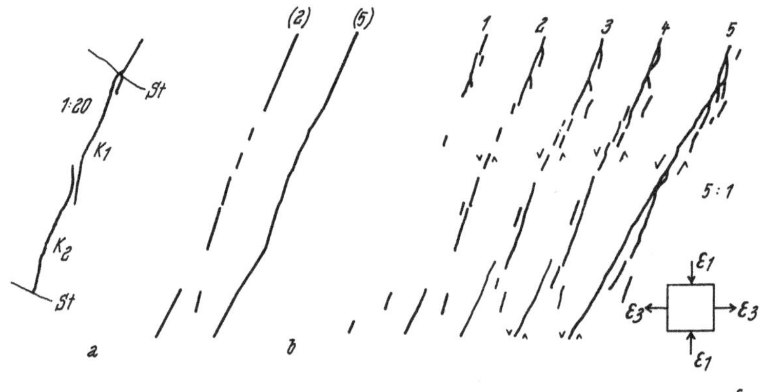

Abb. 4. Entwicklung von Fugen

a) Aufschluß im Buntsandstein — die Fugen K_1 und K_2 vereinigen sich nicht (Ettlinger Mühle;
Skizze H. Bock); b) Angenomme Bruchentwicklung auf kürzestem Wege von Fuge zu Fuge;
c) Entwicklung von Verschiebungsflächen im tektonischen Experiment. Ton-Wasser-Ge-
misch bei rhombischer Deformation (reine Schiebung). ⇌ Betrag örtlicher Verschiebung

Development of joints

a) Exposure of lower triassic sandstone — joints K_1 and K_2 are not grown together (Ettlinger
Mühle; Sketch by H. Bock); b) hypothesis of fracture development along the shortest
way from joint to joint; c) development of fault planes in a tectonic experiment. Claywater
mixture, pure shear. ⇌ amount of local dislocation

Développement des diaclases

a) Affleurement dans le grès bigarrée — les diaclases K_1 et K_2 ne se réunissent pas (Ettlinger
Mühle, d'après H. Bock); b) hypothèse de propagation des fissures de joint à joint sur la
distance plus courte; c) développement des failles dans l'expériment tectonique. Mélange d'eau
avec de l'argile déformé de façon rhomboidal. ⇌ valeur du mouvement local

lung des Durchtrennungsgrades auf diesem Wege setzt also die Kenntnis der
zu erwartenden Beanspruchung und der sich unter dieser entwickelnden
Bruchformen voraus.

Die Beziehung, wonach der räumliche Durchtrennungsgrad $\varkappa_r$ gleich dem
Produkt aus dem ebenen Durchtrennungsgrad $\varkappa_e$ und der Klüftigkeitsziffer k
ist (Pacher 1959), gilt streng nur, wenn voll durchtrennende Fugen vorliegen
oder wenn einerseits der (mittlere) ebene Durchtrennungsgrad $\varkappa_e$ aus allen im
betrachteten Bereich vorhandenen Fugen ermittelt wurde (nicht nur aus solchen, welche sich durch (Fast-)Ebenen miteinander verbinden lassen) und
andererseits der Ermittlung der (zugehörigen) Klüftigkeitsziffer k (abweichend
von Stinis Definition) die Anzahl der Schnitte (auf einer normal zu den

Fugen gelegten Meßstrecke) mit jenen Ebenen, für welche $\varkappa_e$ bestimmt wurde, zugrunde gelegt werden (anstelle der Anzahl der Fugenschnitte).

Bei der Bestimmung der Durchtrennungsgrade werden Mittelwerte erhoben, die nicht erkennen lassen, ob sie aus zahlreichen kleinen Fugen oder

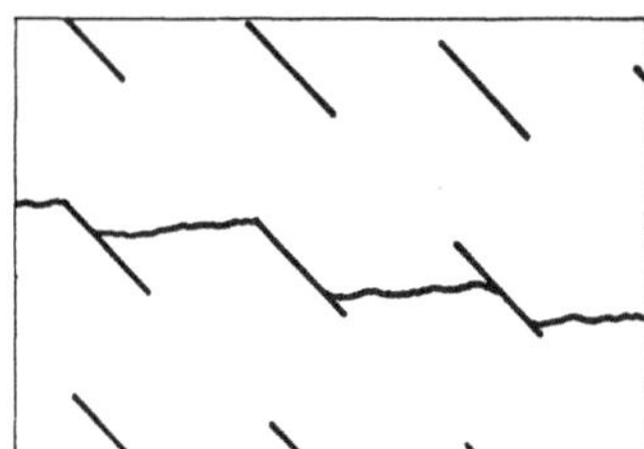

Abb. 5. Staffelbruch — Neubrüche und Fugen bilden eine Treppe

Step-like fracture — New fractures and joints form stairs

Failles à gradins — les ruptures nouvelles et les failles forment un gradin

aber aus wenigen großen mechanisch völlig anders zu bewertenden Fugen zustandegekommen sind.

Ansprüche, die an eine neue Definition zu stellen wären

In den meisten Fällen ist zum Zeitpunkt der Gefügeaufnahme im Gelände der künftige Beanspruchungsplan noch nicht bekannt. Schon deshalb erscheint es notwendig, die Durchtrennung (zumindest auch) unabhängig von der Beanspruchung rein geometrisch deskriptiv zu erfassen. Auf die Notwendigkeit einer sauberen Trennung zwischen rein beschreibender Darstellung einerseits und genetisch deutender Darstellung andererseits haben unter anderem schon Sander und Schmidt hingewiesen (siehe auch Müller 1933). Dennoch muß eine geometrische Beschreibung nicht zweckfrei sein. In unserem Falle muß sie auf die Betrachtung mechanischer Vorgänge (Bruchentwicklung) ausgerichtet sein. Eine solche Beschreibung von Fugengefügen wird auch benötigt, wenn z. B. in schematisierenden Modellversuchen oder digitalen Rechenverfahren das Bruchverhalten geklüfteter Medien untersucht wird (vgl. John 1969; Malina 1970) oder wenn das unvermeidliche Überprofil eines Tunnels oder einer Böschung abgeschätzt werden soll.

Will man versuchen, ein Maß für die Durchtrennung des Materials zu finden, so scheint es sinnvoll, hierbei Angaben der Richtung bzw. Raumstellung auf die (mittlere) Orientierung der Fugenschar zu beziehen, bei Flächen- oder Längenangaben hingegen den Bezug zur Bereichsgröße bzw. zur (mittleren) Fugengröße herzustellen.

Die Formulierung der Durchtrennung sollte möglichst für einscharige wie auch für mehrscharige Fugengefüge geeignet sein, da das mechanische Verhalten geklüfteter Medien meist vom Zusammenspiel mehrerer Scharen abhängig ist. Die Kennziffern zur Beschreibung des Fugengefüges sollten nach Möglichkeit so definiert sein, daß sie sowohl auf straff als auch auf weniger straff geregelte Gefüge anwendbar sind. Im Fall einer inhomogenen Verteilung der Fugenlängen kann es zweckmäßig sein, die Fugen nach Längenbzw. Flächenklassen getrennt zu behandeln und für (im Verhältnis zum betrachteten Bereich) weiträumig durchtrennende Fugen neben Orientierung und Größe auch den Ort anzugeben — dies wird jedoch von Fall zu Fall nach mechanischen Gesichtspunkten zu entscheiden sein.

Diesen sehr weitreichenden Forderungen wird man freilich erst im Laufe der Zeit genügen können. Vor allem ist es ihrer Natur nach schwierig, sie gleichzeitig zu erfüllen.

Einige Möglichkeiten der Neuformulierung

Für die weiteren Betrachtungen erscheint es zweckmäßig, zunächst vom einfacheren Fall des linearen Durchtrennungsgrades auszugehen, wie dies auch bei den meisten felsmechanischen Berechnungen geschieht, in welchen charakteristische Schnitte behandelt werden.

Die komplizierten räumlichen Beziehungen (Lage, Orientierung und Ausdehnung der Fugen) sollen demnach zunächst an einscharigen Fugengefügen in ebenen Schnitten, welche normal zu den Fugen stehen, betrachtet werden. Die Untersuchungen werden also zunächst zweidimensional geführt. Solche zweidimensionale Betrachtungen räumlicher Probleme sind in vielen Fällen durchaus berechtigt und auch ausreichend. Es sei nur darauf verwiesen, daß nahezu alle felsmechanischen Berechnungen und felstechnologischen Modellversuche sowie auch ein großer Teil aller baustatischen Untersuchungen an (charakteristischen) ebenen Schnitten durchgeführt werden. Dazu berechtigt unter anderem das Vorhandensein bevorzugter Deformations- bzw. Hauptspannungsebenen.

Alle Fugenverteilungen in der Natur sind inhomogen, auch dort, wo man sie als homogen anspricht, sind sie lediglich quasihomogen. Einzelmessungen genügen nicht, sondern die statistische Auswertung einer großen Zahl von Einzelmessungen ist erforderlich. Schon Stini (1925) sprach von statistischer Kluftmessung.

Meßstreifenauszählung

Wie oben bereits festgestellt, setzt die Definition des ebenen (und des linearen) Durchtrennungsgrades Zeilenanordnung der Fugen voraus. Von dieser Zeilenanordnung weichen die Fugen in der Natur mehr oder minder ab. Wie große Abweichungen noch als in die Zeile fallend (und damit bei der Erfassung des linearen bzw. ebenen Durchtrennungsgrades als berücksichtigungswürdig) angesehen werden können, bleibt dabei ungewiß. Will man sich von dieser Unsicherheit frei machen, so liegt der Versuch nahe, das Maß dieser Abweichungen anzugeben und somit die Durchtrennung nicht auf einer Meßgeraden (bzw. Schnittebene), sondern in einem Meßstreifen (bzw. scheibenförmigen Meßbereich) zu bestimmen (siehe Abb. 6).

Auch für mechanische Betrachtungen erscheint die Verwendung eines rechteckigen Zählstreifens zweckdienlich. Wenn wir Bruchvorgänge im Gelände und im Experiment betrachten, können wir beobachten, daß im allgemeinen nur solche Fugen durch Neubrüche miteinander verbunden werden, deren Abstand normal zur Fugenfläche im Verhältnis zu ihrer Erstreckung gering ist. Es erscheint daher sinnvoll, die Länge und Breite des Meßstreifens

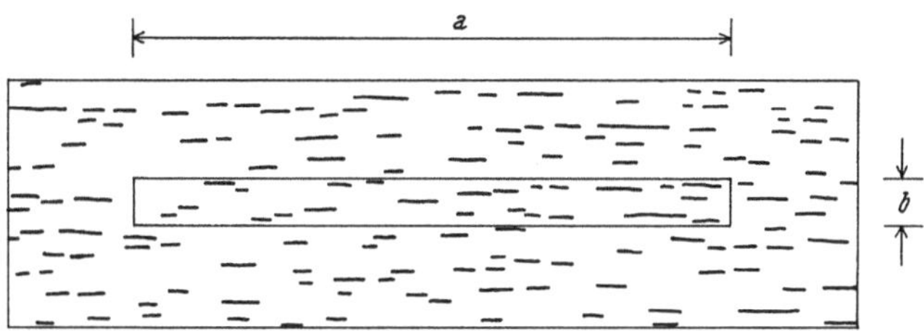

Abb. 6. Meßstreifenfläche $a \cdot b$; a parallel zur Fugenschar

Measuring strip area $a \cdot b$; a parallel to the joint set

Zone a mesurer $a \cdot b$; a parallèle au système des joints

zu den beiden vorgenannten Größen (bzw. zu deren Verhältnis) in eine noch näher zu untersuchende Relation zu setzen. Aufgrund von Experimenten werden hierüber genauere Aussagen möglich sein.

Um verschiedene Bereiche vergleichbar auszählen zu können, muß der Meßstreifen eine definierte Fläche, somit eine begrenzte Länge und Breite, haben. Voraussetzung für eine statistische Erfassung ist, daß die Meßfläche, welche kleiner als der betrachtete Bereich sein soll, eine große Anzahl von Fugen enthält. Die Länge des Zählstreifens soll ein Vielfaches der mittleren Fugenlänge sein. (Dabei werden zweckmäßigerweise nur jene Fugen berücksichtigt, die mindestens zur Hälfte ihrer Ausstrichlänge im Zählstreifen liegen; dies gilt jedoch nur, sofern die Fugenlänge klein ist im Verhältnis zur Streifenlänge.)

Innerhalb der Meßfläche kann die Durchtrennung analog dem räumlichen Kluftflächenanteil nach Pacher ermittelt werden. Die auf die Meßfläche bezogene Summe aller Fugenausstrichlängen gibt dann eine Kennziffer für die Durchtrennung im Bereich der Meßfläche, erlaubt jedoch nicht zu unterscheiden, ob zahlreiche kleine oder wenige große Fugen im Meßstreifen gelegen sind. Es erscheint daher sinnvoll, auch die Anzahl der Fugen in die Betrachtung einzuführen bzw. eine Gliederung der Fugen nach Längenklassen vorzunehmen. Zählt man auf diese Weise an verschiedenen Orten des Bereiches aus, so erhält man einen statistischen Mittelwert und kann die Streuung angeben. Diese Streuung der statistischen Verteilung ist ein Maß für den Grad der Homogenität bzw. Inhomogenität („Genität" nach Sander 1948) in bezug auf die so ermittelte Durchtrennung.

Werden die Neubrüche in anderer als der Fugenorientierung erwartet, z. B. beim Staffelbruch, ist eine Verschwenkung der Meßstreifen parallel zu den erwarteten Bruchstaffeln zu erwägen, doch stehen hierüber genauere Untersuchungen noch aus.

Koordinatendarstellung der Materialbrücken

Für die Bildung von Neubrüchen ist die Entfernung zur nächstgelegenen
Fuge und die Richtung dorthin von Bedeutung. Diese zwischen benachbarten
Fugenenden gelegenen Materialbrücken sollen durch Koordination gekennzeichnet werden. Bei Verwendung kartesischer Koordinaten sei der Ursprung an dem
jeweiligen Fugenendpunkt gelegen und die (positive) y-Achse verlaufe in Fort-
setzung der Fuge parallel zur Fugenschar (siehe Abb. 7). Ursprung und Be-
zugsrichtung seien bei Verwendung von Polarkoordinaten analog angesetzt.
Die Entfernung und die Richtung zu den nächstgelegenen Fugenenden wird
auf diese Weise eindeutig festgelegt durch die Koordinatenabschnitte a und b
und durch den arctg a/b (kartesische Koordinaten) bzw. durch r und φ (Polarkoordinaten). Um aus dieser Angabe über die Materialbrücken ein Maß für
die Durchtrennung zu erhalten, müssen die jeweiligen Längen der zugehörigen

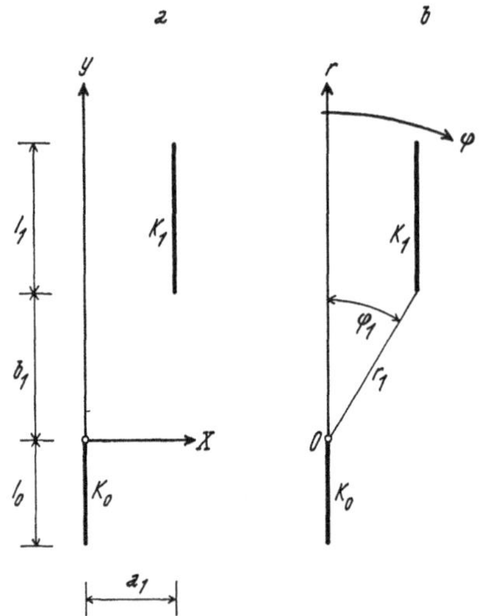

Abb. 7. Koordinatendarstellung der Materialbrücken
a) in kartesischen Koordinaten; b) in Polarkoordinaten

Coordinate description of material bridges
a) Cartesian coordinates; b) polar coordinates

Description des ponts de roche intacte par coordonnées
a) Coordonnées cartésiennes; b) coordonnées polaires

Fugenausbisse in die Betrachtung mit einbezogen werden. Die Fugenlänge und
ihr Verhältnis zur Materialbrückenlänge (unter Einbeziehung der Winkel-
abweichung derselben von der Orientierung der Fugenschar) gibt (statistisch
ermittelt) ein Maß für die Durchtrennung innerhalb des betrachteten Bereiches und zusätzlich eine Aussage über die Fugenabstände.

Bei diesem Verfahren werden Maße der Lagebeziehungen eingeführt
(vgl. „Meßstreifenauszählung"), welche geeignet sind, durch digitale Rechenverfahren erhoben bzw. weiterverarbeitet zu werden und insbesondere in Ver-

bindung mit Experimenten als Grundlage einer mechanischen Deutung verwendet werden können.

Verteilung der Fugenmittelpunkte

Eine weitere Möglichkeit, die Art und Weise, in welcher ein Material von Diskontinuitäten durchsetzt wird, zu charakterisieren bzw. dieselben zu reproduzieren, besteht in der Angabe der Orte der Mittelpunkte (Schwerpunkte)

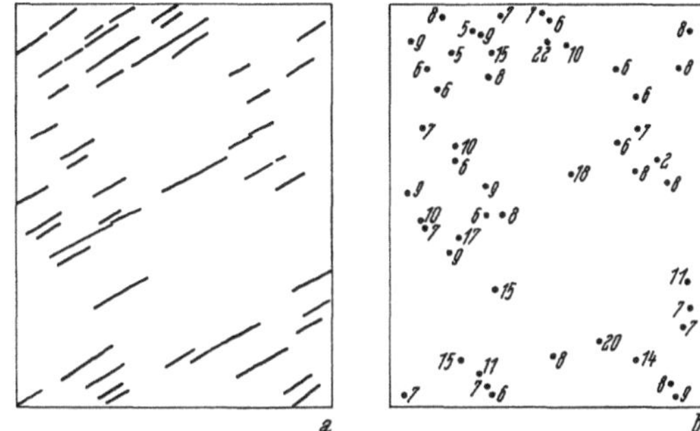

Abb. 8. a) Verteilung von Fugen; b) Verteilung der zugehörigen Fugenmittelpunkte. Gewichte geben die Ausstrichlängen an

a) Distribution of joints; b) Distribution of corresponding joint centres. Values specify the joint lengths

a) Distribution des diaclases; b) distribution des centres des diaclases avec une information sur leur longueur

der Diskontinuitätselemente durch räumliche Koordinaten und diesen zugeordnete, die Geometrie und Orientierung dieser Elemente angebende Daten. Dabei können gleichartige Elemente („Teilgefüge") zusammengefaßt werden — z. B. eine bestimmte Längenklasse der Fugen einer Richtungsklasse (Schar) — und mit anderen überlagert werden (z. B. zweite Schar). Zweckmäßigerweise wird man den Punkten Gewichte zuordnen, welche die Ausstrichlänge bzw. die Flächengröße der Fugen kennzeichnen (siehe Abb. 8); durch zugeordnete Symbole können ferner qualitative Angaben gemacht werden — z. B. über Genese, Fugenbelag usw. Auf eine mit Gewichten versehene Mittelpunktverteilung ist auch die Methode der Meßstreifenauszählung anwendbar.

Dieses Verfahren eignet sich insbesondere für eine rechnerische Behandlung. Auch dürfte eine Erweiterung auf die dritte Dimension des Raumes bei dieser Darstellungsmethode am leichtesten gelingen (Darstellung eines räumlichen Fugenfeldes).

Anmerkungen zu mehrscharigen Fugengefügen

Allen diesen Methoden haftet die Schwierigkeit an, diese Vorstellungen und Begriffsfestlegungen auf das mehrscharige Fugenfeld zu übertragen. Möglicherweise müssen hier andere Wege beschritten werden. Denn die mecha-

nischen Eigenschaften eines Fugenverbandes sind nicht ausreichend bestimm-
bar durch die Summe der entsprechenden Eigenschaften der Fugen der zugehörigen Scharen — ein Verband ist mehr als die Summe seiner Teile.

Am Beispiel des Mauerwerksverbandes (Abb. 9) zeigt sich dies besonders
deutlich, wenn man z. B. den Zugwiderstand parallel zu den Schichtfugen
betrachtet. Der Durchtrennungsgrad der Querfugen-Schar ist hier gleich 0,5,
egal ob man diese Schar isoliert oder im Verband betrachtet. Mechanisch
macht es aber einen großen Unterschied, ob die Querfugen blind oder an den

Abb. 9. a) Mauerwerksverband, zusammengesetzt aus b) Schichtfugen und c) Querfugen
a) Brickwall arrangement consisting of b) layer joints and c) cross joints
Liaison composée des joints de stratification et des joints perpendiculaires

Schichtfugen enden. Denn ein Verband, in welchem jede Fuge an einer anderen
endet, besitzt eine weit höhere Teilbeweglichkeit als ein Verband mit blind
(im Material) endenden Fugen; vor allem aber treten in ihm nicht wie in
jenem die hohen Spannungskonzentrationen an den Fugenenden auf.

Ein mehrere Scharen berücksichtigendes Maß der Durchtrennung könnte
gegeben werden durch den Grad, bis zu welchem die (bereits angelegten)
Kluftkörper tatsächlich realisiert, d. h. von ihren Nachbarn durch Fugen ab-
getrennt sind. Dies kann durch den Anteil der bereits realisierten Fugenausbisse an dem (gedachten) Kluftkörper-Umfang angegeben werden (bzw. durch
den Fugenanteil an der Oberfläche des virtuellen Kluftkörpers). Wenn ein
nur angeklüfteter, noch nicht ganz durchgeklüfteter Fels bricht, dann werden
in erster Linie die noch nicht realisierten Umgrenzungen der virtuellen Kluftkörper durchreißen. Dies ist umso wahrscheinlicher, als anzunehmen ist, daß
in geklüfteten Medien parallel zu aufgerissenen Fugen zahllose Flächen er-
höhter Spaltbarkeit („potential fissuration") vorhanden sind, was seinerseits
wiederum mit der schon erwähnten Tatsache zusammenhängen dürfte, daß
der Bildung von Fugen während eines Formungsaktes die Entstehung sehr
zahlreicher fugenparalleler Fließflächen (Hoeppener u. a. 1969) vorangeht.
Die Darstellung der Form und des Realisierungsgrades der Kluftkörper geschieht sehr anschaulich in der von Pacher (1959) angegebenen Weise.

Es sei noch erwähnt, daß bei der Ermittlung der Fugenabstände bzw. der
Klüftigkeitsziffer ähnliche Schwierigkeiten auftreten, wie sie vorstehend im
Zusammenhang mit der Erfassung des (ebenen) Kluftflächenanteiles geschil-
dert wurden (vgl. „Kritische Überlegungen").

Abschließend sei noch bemerkt, daß es bei allen diesen Betrachtungen
nicht genügt, sich auf statistische Mittelwerte zu beschränken, wie man es

bisher getan hat. Eine Angabe der Verteilung erscheint sinnvoll, da ausschlaggebend für das mechanische Verhalten meist ungünstige Extremwerte sind.

Literatur

Brinkmann, R., W. Giesel und R. Hoeppener: Über Versuche zur Bestimmung der Gesteinsanisotropie. N. Jb. Geol. Pal. Mh., 1961, S. 22—33.

Clar, E.: Zur Darstellung der Klüftigkeit von Felsaufschlüssen. Geol. u. Bauw. *1*, S. 1, 1939.

Diaz, S. I., und H. K. Hilsdorf: Fracture mechanisms of concrete under static, sustained, and repeated compressive loads. The National Science Foundation, Research Grant Nr. GK-1808. Univ. of Illinois, 1971.

Hoeppener, R., E. Kalthoff und P. Schrader: Zur physikalischen Tektonik. Bruchbildung bei verschiedenen affinen Deformationen im Experiment. Geol. Rdsch. *59*, S. 179, 1969.

John, K. W.: Festigkeit und Verformbarkeit von druckfesten, regelmäßig gefügten Diskontinuen. Veröff. Inst. Boden- u. Felsmech. Univ. Karlsruhe *37*, 1969.

Malina, H.: Berechnung von Spannungsumlagerungen in Fels und Boden mit Hilfe der Elementenmethode. Veröff. Inst. Boden- u. Felsmech. Univ. Karlsruhe *40*, 1969.

Müller, L.: Untersuchungen über statistische Kluftmessung. Geol. u. Bauw. *5*, S. 185, 1933.

Pacher, F.: Kennziffern des Flächengefüges. Geol. u. Bauw. *24*, S. 223, 1959.

Roš, M., und A. Eichinger: Versuche zur Klärung der Frage der Bruchgefahr. II. Nichtmetallische Stoffe. Disk.-Ber. Nr. 28 der EMPA, Zürich 1928.

Sander, B.: Einführung in die Gefügekunde. Wien: Springer, 1948.

Stini, J.: Die Ausführung der Kluftmessung. Der Geologe, Nr. 38, 1925b.

Anschrift des Verfassers: Dipl.-Ing. Klaus E. H. Müller, Institut für Geologie, Ruhr-Universität Bochum, Buscheystraße, D-4630 Bochum, Bundesrepublik Deutschland.

Rock Mechanics, Suppl. 3, 31—43 (1974)
© by Springer-Verlag 1974

Zum Verformungs- und Bruchverhalten regelmäßig geklüfteter Felsböschungen

Von

H. Hofmann

Mit 11 Abbildungen

Zusammenfassung — Summary

Zum Verformungs- und Bruchverhalten regelmäßig geklüfteter Felsböschungen. Mit Hilfe zweidimensionaler großmaßstäblicher Modelle, die in einer ersten Serie aus starren Kluftkörpern (Strukturmodelle) und in einer zweiten Serie aus äquivalentem Modellmaterial aufgebaut waren, sollen die innere Kinematik eines ganzen Hangquerschnittes sowie die Ausbildung latenter Schwächeflächen aufgezeigt werden.

Mit der ersten Gruppe von Versuchen wird der Einfluß des Trennflächengefüges allein untersucht; in der zweiten Gruppe überlagern sich Material und Gefügeparameter.

Anhand der Strukturmodelle wird eine Einteilung in verschiedene typische Verformungsverhalten von Böschungen in Abhängigkeit von der Kluftstellung und vom Kluftreibungswinkel vorgenommen.

Für den Abbau steiler Böschungen in Kluftkörperverbänden mit steil bergeinwärts fallender Klüftung wird der Verformungsablauf beschrieben und nach charakteristischen Stadien unterteilt. Dabei wird die Entwicklung der Verformungen vom „Hakenwerfen" der Böschungsfront bis zum tiefgreifenden „Talzuschub" mit der Ausbildung von Neubrüchen und ausgeprägter Schwächezonen untersucht.

On the Behaviour of Regularly Jointed Rock Slopes during Deformation and Rupture. By means of two-dimensional large-scale models composed of rigid rock blocks (structure models) in a first series and of equivalent material in a second series, the inner kinematics of a whole slope cross-section as well as the development of latent zones of weakness are to be demonstrated.

The first group of tests serves to investigate the influence of separation planes (structural parameters) only; in the second group material and fabric parameters are superposed.

By means of the structure models a classification according to typical deformation behaviour of slopes dependent on the position of joints and on the joint friction angle is effected.

The excavation of steep slopes structurally determined by separation planes dipping steeply towards the rock mass, is used as an example to point out the deformation history and the sequence of characteristic states of deformation. The

                    H. Hofmann:

sequence of events from "outcrop bending" to the development of a deep-reaching "valley thrust" with the accompanying formation of new fractures and weakness zones are investigated.

1. Einführung

Die Beurteilung steiler Felsböschungen ebenso wie die Prognose des Verhaltens geplanter Böschungen ist trotz vielfältiger Beobachtungen, ausgedehnter Messungen und umfangreicher Berechnungen immer noch unsicher. Diese Schwierigkeit beruht im wesentlichen auf einer ungenügenden Kenntnis des Materials „Fels".

Das Gebirge ist in den meisten Fällen inhomogen und anisotrop und zudem häufig geklüftet, d. h. es hat bereits in seiner Vorgeschichte so hohe Belastungen ertragen müssen, daß die Bruchfestigkeit überschritten und das Felsmassiv in Teilkörper mit mehr oder minder wirksamem Zusammenhang aufgelöst wurde.

Diese Felsverbände oder Systeme, die sich aus Einzelelementen — den Kluftkörpern — zusammensetzen, werden in ihrem Verhalten nicht nur von den Eigenschaften der Elemente, sondern vor allem von den Eigenschaften der Systeme bestimmt. Gerade diese Systemeigenschaften sind es, die im entspannten oberflächennahen Bereich und bei der Schaffung neuer Oberflächen im Gebirge wirksam werden.

2. Modellversuche und ihre Klassifikation

Mit den im folgenden beschriebenen zweidimensionalen Modellversuchen aus starren Kluftkörpern und äquivalentem Modellmaterial soll der Einfluß des Trennflächengefüges auf die Entstehung und Form latenter Gleitflächen in geklüfteten Böschungskörpern untersucht werden.

Das aus blockigen Einzelelementen aufgebaute Verbandsmuster entspricht einem häufig in Sedimentgesteinen auftretenden Verband, der sich aus einer durchgehenden Bankung ss und einer dazu rechtwinklig stehenden Kluftschar kk zusammensetzt (Hofmann, 1973).

Während die Kluftflächenbeschaffenheit während der Versuche nicht verändert wurde, waren die Stellung der Klüfte (α_{kk}, α_{ss}), der Durchtrennungsgrad ($\varkappa$) und der Kluftabstand (d) variabel.

Die Veränderung dieser Trennflächenparameter führte nicht nur zu quantitativ, sondern auch zu qualitativ unterschiedlichen Verformungsabläufen der Böschungskörper. Die durch Abtrag entstandenen Böschungen konnten in standfeste, kipp- und rutschgefährdete Gebirgskörper unterschieden und entsprechend der Stellung der Kluftscharen in fünf Gruppen eingeteilt werden (siehe Tab. 1).

Im folgenden sollen nur solche Kluftkörperverbände untersucht werden, die beim Aushub der Böschungen neue Bewegungsbahnen ausbilden und sich nicht nur entlang vorgegebener Gleitflächen bewegen. Dies war bei den gewählten Gefügetypen in der Gruppe IV der Fall.

Tabelle 1. Klassifizierung der Modellversuche

Kluftkörperverbände $\beta > 65^0$		Gefügestellung	Verhalten der Strukturmodelle
Gruppe I		$0 < \alpha_{ss} < \delta$ $90^0 < \alpha_{kk} < 90^0 + \delta$	Böschungen sind standfest; keine Änderung des Gefügeverbandes
Gruppe II		$\delta < \alpha_{ss} < 90^0$ $90^0 + \delta < \alpha_{kk} < 180^0$	Beim Anschneiden der Bankung Abgleiten von Schichtpaketen
Gruppe III		$\alpha_{ss} \cong 90^0$ $\alpha_{kk} \cong 0$	Auftafelung entlang der Bankung; bei zunehmender Böschungshöhe Abkippen von Kluftkörpern
Gruppe IV		$90^0 < \alpha_{ss} < 90^0 + \delta$ $0 < \alpha_{kk} < \delta$	Kluftkörperrotationen, die bei zunehmender Böschungshöhe von Gleitbewegungen überlagert werden; $ss \rightarrow 90^0 + \delta \rightarrow$ zunehmende Tendenz zum Abkippen von Kluftkörpersäulen
Gruppe V		$90^0 + \delta < \alpha_{ss} < 180^0$ $\delta < \alpha_{kk} < 90^0$	Standfest; Gleittendenz entlang kk führt zu geringer Verbiegung des Böschungskörpers

δ = Kluftreibungswinkel

3. Felsböschungen mit bergeinwärts fallender Klüftung

In Kluftkörperverbänden der Gruppe IV überlagerten sich beim Aushub steiler Böschungen Kipp- und Gleitbewegungen. Neben den beiden deutlich erkennbaren Kluftscharen — der Bankung ss und der dazu rechtwinklig stehenden Kluftschar kk — treten zwei weitere Schwächerichtungen in Erscheinung, nämlich die Kluftstaffeln ks_1 und ks_2 (Abb. 1). Die steilstehende Vertretungskluftschar ks_1 spaltete den Böschungskörper in Kluftkörpersäulen auf, die sich aus einzelnen, übereinander gestaffelten Kluftkörpern auftürmen.

Das Verhalten des Böschungskörpers kann mit Hilfe der Verdrehungen der Kluftkörper in den einzelnen Kluftkörpersäulen beschrieben werden.

Daher wird zur Darstellung der Verdrehungswinkel jeweils von der Kluftkörpersäule (S_B), die die Böschungskrone bildet, ausgegangen und die hinter der Böschungskrone liegenden Kluftkörpersäulen mit S_{H_i} bezeichnet.

In den nachstehenden Diagrammen bilden die Verdrehungswinkel

$$\varphi = \alpha_{kk_i} - \alpha_{kk_o}$$

$$\alpha_{kk_o} = \text{Kluftstellung im Anfangszustand}$$

$$\alpha_{kk_i} = \text{Kluftstellung im verformten Zustand}$$

einer Kluftkörpersäule entsprechend der Lage, in welcher sich die Kluftkörper nach Zeilen ($\ldots j, j + 1, \ldots$) befinden, jeweils eine Kurve (Abb. 1).

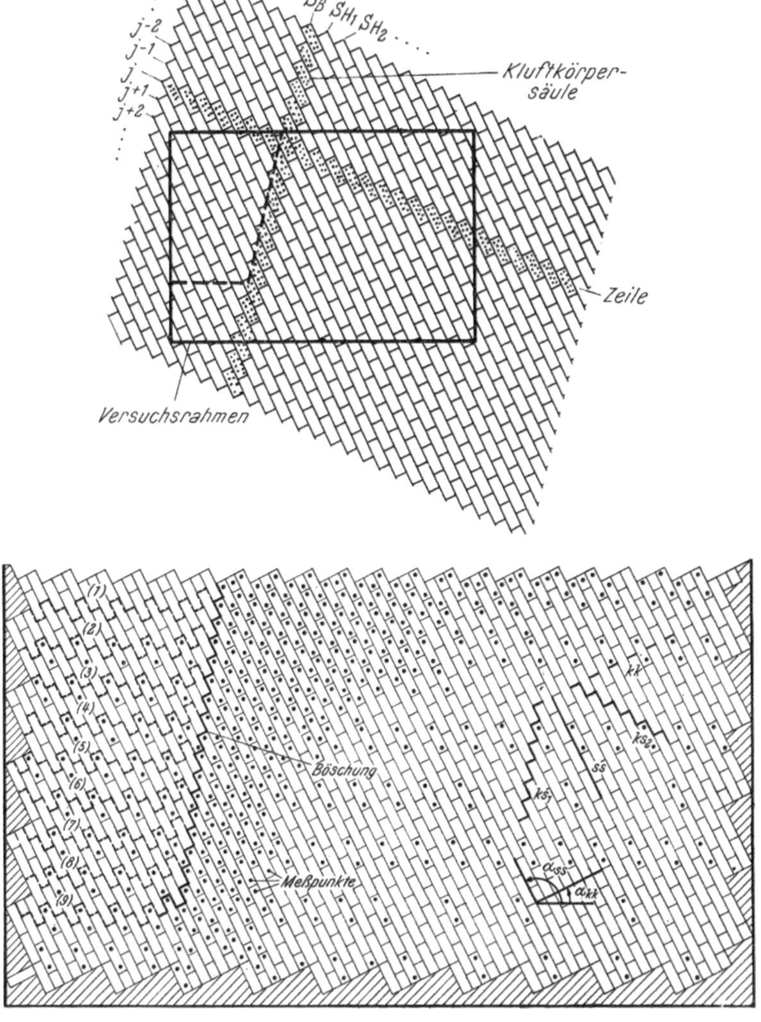

Abb. 1. Schema eines Modellkörpers mit verwendeten Bezeichnungen:
ss Bankung, k_{si} Kluftstaffeln, kk Kluftschar, α_{ss}, α_{kk} Neigungswinkel, (1), (2), (3) Abbaufolge
Scheme of a model body. ss bedding; k_{si} step joint; kk set of joints; α_{ss}, α_{kk} dip angle;
(1), (2), (3) excavation sequence

3.1 Strukturmodelle

Im Verlauf des Abbaues ließ sich das Verformungsverhalten des Böschungskörpers in verschiedene Stadien unterteilen:

Stadium I

Im Stadium I verbiegen sich die Kluftkörpersäulen des regelmäßig geklüfteten Verbandes aufgrund von Externrotationen der einzelnen Kluft-

Abb. 2. Strukturmodell im Stadium I — Kluftkörperrotationen
Structure model in stage I — rotations of rock blocks

körper. Diese Verformung des Böschungskörpers, die mit dem „Hakenschlagen" natürlicher Felsböschungen verglichen werden kann, nimmt bergeinwärts stetig ab (Abb. 2).

Stadium II

Hat die Verbiegung der Kluftkörpersäulen derartig zugenommen, daß die Neigung der Standflächen auf der Kluftschar kk steiler wird als der Reibungswinkel, gleiten die Kluftkörper ab (Abb. 3). Dieser Verschiebungsvorgang führt zu Setzungen der Kluftkörpersäulen. Bei sehr steilen Hangformen verlieren die der Böschungsfront am nächsten stehenden Kluftkörpersäulen ihre Standfestigkeit und stürzen ab.

In diesem Stadium löst sich der Verband in unterschiedlich verformte Teilbereiche auf. Während der vordere Teilkörper durch Setzungsbewegungen gekennzeichnet ist, deformiert sich der weiter zurückliegende Bereich entsprechend Stadium I.

Stadium III

Bei weiterem Aushub setzt sich der Stauchungsvorgang von Kluftkörpersäule zu Kluftkörpersäule bergwärts fort (Abb. 4). Gleichzeitig versteilen sich die Kluftstaffeln ks_1 immer mehr, was auf Externrotation des jeweils gestauchten Teiles der Kluftkörpersäulen zurückzuführen ist. Diese Externrotation wird wieder durch differentielle Rotationen einzelner Kluftkörper

Abb. 3 a. Strukturmodell im Stadium II — Kluftkörperrotationen und -gleitungen

Structure model in stage II — rotation and sliding of rock blocks

Abb. 3 b. Kluftkörperverdrehungen (φ) in den einzelnen Kluftkörpersäulen (S_B, S_{H1}, S_{H2}...)
in Abhängigkeit vom Abstand zur Böschungsoberfläche. (a) Böschungsbereich im Stadium I,
(b) Böschungsbereich mit starker Verdrehungszunahme = Bereich maximaler Dilatanz,
(c) Von Rotationen und Gleitbewegungen (Setzungen) erfaßte Teile der Kluftkörpersäulen

Rotation (φ) of block blocks in particular pillars of rock blocks (S_B, S_{H1}, S_{H2}...) dependent on
the distance from the slope surface. (a) slope region in stage I; (b) slope region with large
increase in rotation increment = region of maximum dilatancy; (c) portions of the rock block
pillars, subjected to rotation and sliding movements

im darunterliegenden Bereich jeder Kluftkörpersäule hervorgerufen. Dadurch entsteht eine stark dilatente Zone, die den neugebildeten latenten Böschungskörper von den tiefer und weiter bergwärts liegenden Bereichen trennt.

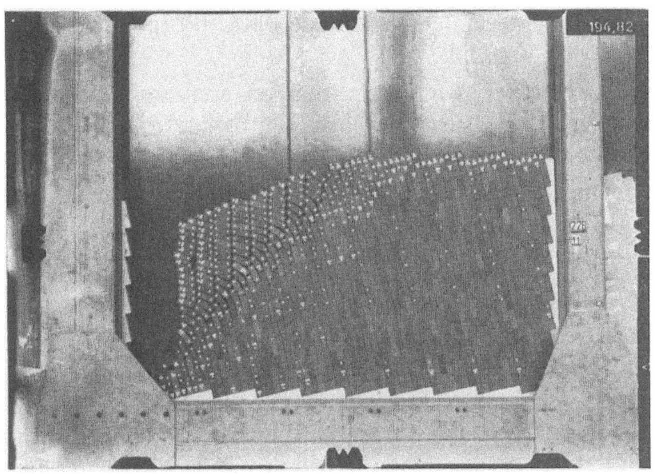

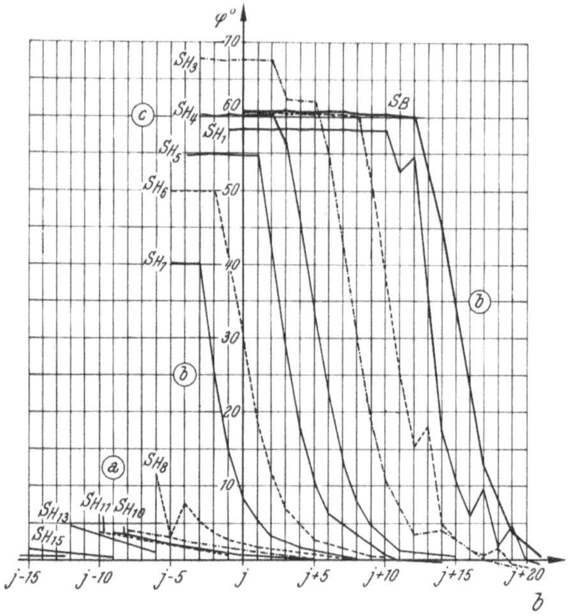

Abb. 4a. Strukturmodell im Stadium III — Ausbildung eines latenten Böschungsbruchkörpers

Structure model in stage III — formation of a latent rupture within the slope

Abb. 4b. Kluftkörperverdrehungen (φ) in den einzelnen Kluftkörpersäulen des Böschungsbruchkörpers. (a), (b), (c) siehe Abb. 3b

Rotation (φ) of rock blocks in the particular rock blocks pillars. (a), (b), (c), see Fig. 3b

Diese qualitativen Erkenntnisse lassen sich auch aus der Entwicklung der Verdrehungswinkel in den Diagrammen Abb. 3b und 4b ablesen:

— Horizontaler Verlauf der Kurven weist auf gleiche Verdrehungsbeträge übereinanderliegender Kluftkörper hin, wie sie nur in den vom Setzungsvorgang erfaßten Teilbereichen der Kluftkörpersäulen im Stadium II und III auftreten.

— Kurvenstücke mit großer Verdrehungswinkelzunahme beschreiben den Übergangsbereich differentiell rotierter Kluftkörper, die die dilatente Übergangszone bilden.

— Untere Kurvenstücke mit geringer Verdrehungszunahme entsprechen Stadium I.

Die mit Strukturmodellen gewonnenen Aussagen gestatten eine bessere Beurteilung des Trennflächeneinflusses auf das Verformungsverhalten regelmäßig geklüfteter Böschungen.

Um jedoch wirklichkeitsnähere Aussagen zu erhalten, wurden weitere Modellversuche mit äquivalentem Material durchgeführt.

Zum Vergleich wird daher im folgenden ein Versuch mit äquivalentem Modellmaterial und dem gleichen Trennflächengefüge, wie weiter oben beschrieben, dargestellt.

3.2 Äquivalente Modelle mit bergwärts fallender Klüftung

Charakteristische Verformungsmerkmale, wie sie in den einzelnen Stadien der vorangegangenen Untersuchungen auftreten, sind auch bei Böschungen in äquivalentem Modellmaterial zu beobachten, doch überlagert hier bereits von Anfang an der Einfluß des Materials den des Trennflächengefüges.

Waren bei den Strukturmodellen Bewegungen nur aufgrund von Kluftöffnungen möglich, so kommen hier durch die Verformbarkeit und die Bildung von Neubrüchen weitere Bewegungsmöglichkeiten hinzu.

Bereits im ersten Verformungsstadium sind in den Kluftkörpersäulen Verbiegungen und Setzungen zu beobachten. Im weiteren Verlauf des Abbaues treten Abbrüche einzelner Kluftkörpersäulen durch Überkippen auf (Abb. 5).

Wie im Stadium II der vorangegangenen Versuchsreihe verstärkt sich im böschungsnahen Bereich die Auftafelung des Gebirgskörpers. Gleichzeitig setzen sich die Kluftkörpersäulen. Der weiter bergwärts liegende Böschungsbereich verformt sich entsprechend dem ersten Stadium dieser Versuchsreihe (Abb. 6).

Abb. 5—7. Verformung und Bruchentwicklung eines Böschungskörpers aus äquivalentem Modellmateria! mit gleichem Trennflächengefüge wie in Abb. 2 bis 4

Deformation and development of rupture of a slope composed of equivalent model material with the same fabric of separation planes as shown in Fig. 2—4

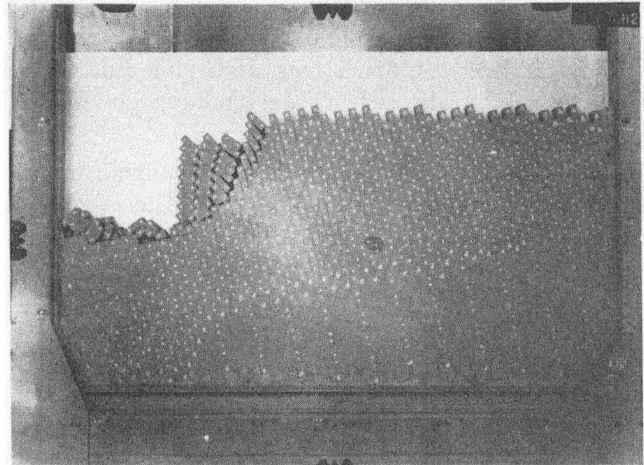

Abb. 5

Abb. 6

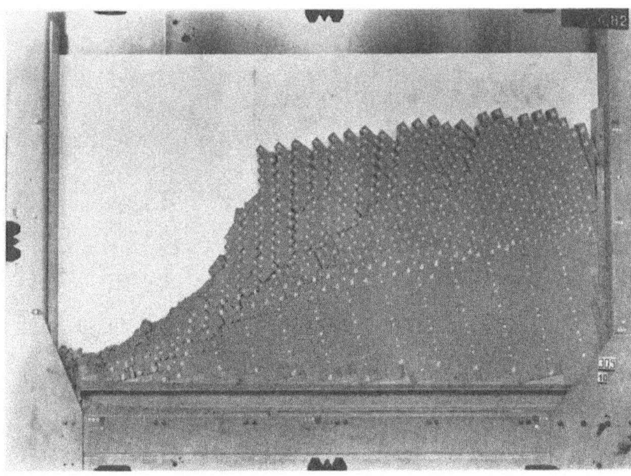

Abb. 7

Die Verformung des Böschungskörpers durch Auffächern der starren Kluftkörper in den Strukturmodellen, verbunden mit stetiger Verbiegung und starker Dilatation dieses Bereichs, wird hier durch die Bildung einer nahezu durchgehenden Bruchfläche, die sich an der Stellung der Kluftschar *kk* orientiert, ersetzt.

Bei weiterem Aushub stürzt der in Kluftkörpersäulen aufgelöste Bereich ab, und es bildet sich eine flache Böschung aus (Abb. 7). Gleichzeitig führt der erheblich vergrößerte Böschungsbruchkörper eine Entlastungsbewegung durch. Die Verschiebungsbeträge dieser Bewegung werden mit zunehmender Tiefe geringer, so daß die Verformungsverteilung über den Querschnitt einem Kriechprofil entspricht, wie es auch für den „Talzuschub" typisch ist.

4. Gefügebedingte Bruchentwicklungen

Wie der Versuch in Abschnitt 3.2 zeigt, brechen Kluftkörperverbände der Gruppe IV, obwohl die die Böschung unterschneidende Kluftschar *kk* flacher geneigt ist als der Reibungswinkel und die Festigkeit der Kluftkörper so hoch ist, daß gleichhohe Böschungen mit anderer Kluftstellung (Abb. 8) standfest bleiben. Für das unterschiedliche Verhalten sind also weni-

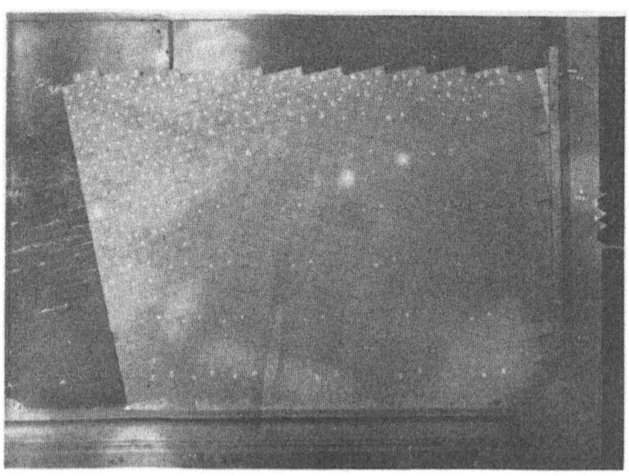

Abb. 8. Standfeste Modellböschung aus dem gleichen Modellmaterial wie Abb. 5 bis 7, jedoch mit rotiertem Trennflächengefüge

Stable model slope composed of the same material as in Fig. 5—7, but with different orientation of the planes of separation

ger die Materialeigenschaften als vielmehr die geometrischen Bedingungen, nämlich Randbedingungen und Gefügeparameter, entscheidend. Diese sind im einzelnen:

— die steile Neigung der Felsböschung,

— die Höhe der Felsböschung sowie

— eine steilstehende, hangeinwärts gerichtete, durchgehende Kluftschar.

Bei diesen geometrischen Bedingungen wird im Böschungskörper ein Verformungsvorgang eingeleitet, der mit einer Kippbewegung (infolge Rotationen von Kluftkörpern) beginnt und erst im weiteren Verlauf in eine Gleitbewegung des gesamten Böschungskörpers entlang neugeschaffener Bewegungsbahnen übergeht.

Ist eine der drei oben genannten Voraussetzungen nicht gegeben, entsteht keine Kipptendenz. War z. B. die hangeinwärts gerichtete Klüftung weniger ausgeprägt, dann waren bei gleichhohen Böschungen und gleichem Kluftkörpermaterial sogar überhängende Böschungen noch standfest (Abb. 8).

Eine Erhöhung des Durchtrennungsgrades in der steilhangeinwärts fallenden Klüftung bei gleichzeitiger Vergrößerung des Kluftabstandes verringert ebenfalls die Standfestigkeit (Abb. 9).

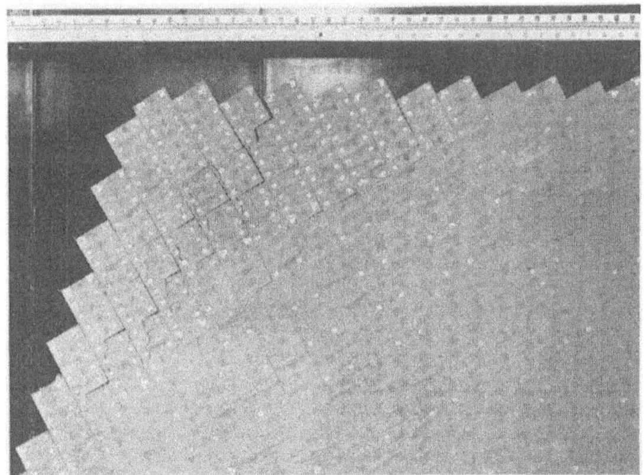

Abb. 9. Bruchentwicklung in einer Modellböschung aus dem gleichen Modellmaterial wie Abb. 5 bis 8, jedoch mit erhöhtem Durchtrennungsgrad in der Kluftschar *kk*

Development of rupture in a slope model of the same material as in Fig. 5—8, but with increased degree of separation of the *kk* joint set

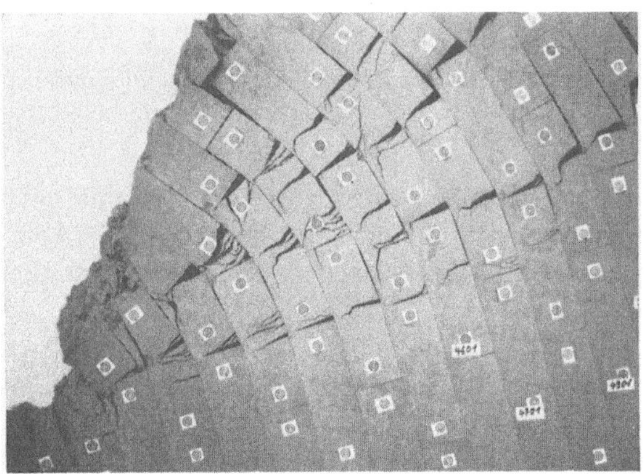

Abb. 10. Fächerförmige Bruchentwicklung in den Kluftkörpern infolge zu hoher Biegebelastung

Fan-shaped fracture development in rock blocks, due to high bending forces

Durch diese Veränderung des Trennflächengefüges entstehen wiederum Felstafeln (im zweidimensionalen Versuch Kluftkörpersäulen), die zum Überkippen tendieren und bei weiterem Abbau der Böschung entlang einer neuangelegten Schwächezonen abgleiten. Die Neubrüche entwickeln sich anders als bei Kluftkörperverbänden der Gruppe IV.

Im ersten Fall (Abb. 9) treten Spannungskonzentrationen unterhalb der Drehpunkte der verkippten Kluftkörpersäulen auf. Dadurch werden diese

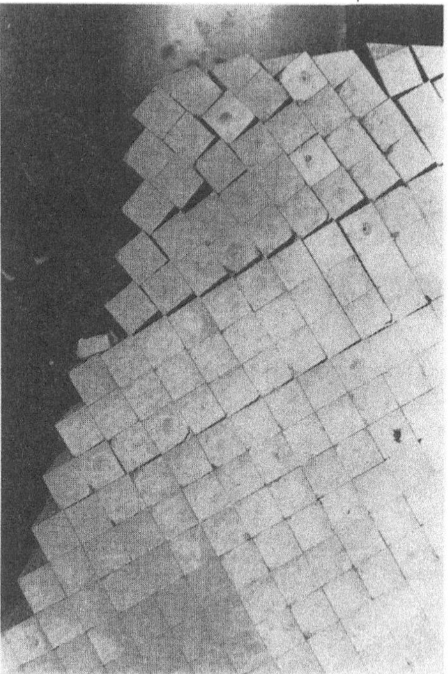

Abb. 11. Kluftkörpersystem mit hoher Teilbeweglichkeit
(geringer Kluftabstand, hoher Durchtrennungsgrad)

Model rock system with a high degree of partial movement (small joint distance, high degree
of separation)

überlasteten Bereiche abgeschert. Der Bruch erfolgt also unter dem von der Kippbewegung erfaßten Böschungsbereich. Im anderen Fall (Abb. 10) bilden sich dagegen Neubrüche durch Überschreiten der Biegzugfestigkeit, die sich fächerartig ausbreiten.

Bei einem Durchtrennungsgrad $\varkappa = 1$ in beiden Kluftscharen und einem verringerten Kluftabstand erhöht sich die Teilbeweglichkeit des Verbandes, und der Einfluß der Materialeigenschaften nimmt weiter ab. Auf die Tendenz zum Kippen beim Abbau steiler Felsböschungen reagiert der Kluftkörperverband dann weniger durch Neubruchbildung als durch Gefügeauflockerung (Abb. 11).

5. Form selbst geschaffener Bewegungsbahnen

Trotz der unterschiedlichen lokalen Bruchformen, die durch Kippbewegungen ausgelöst wurden, zeigen die endgültigen Ausbildungen der Gleitflächen sehr ähnliche charakteristische Grundelemente, die allgemein bei Kluftkörperverbänden mit blockigen Grundkörpern gelten:

— eine vom Böschungsfuß relativ geradlinig anlaufende Bruchzone, die sich an der hangauswärts fallenden Kluftschar orientiert,

— ein steiler gestellter Übergangsbereich, in dem durch Neubrüche treppenartige Bruchstaffeln (Müller, 1963) entstanden sind, und

— eine obere, steilstehende oder übergekippte Abrißfläche, die sich infolge des böschungsinternen Kippvorganges geöffnet hat und nach der bereits vorhandenen Kluftschar oder Kluftstaffel richtet.

Diese Erkenntnis läßt den Schluß zu, daß zwischen den beiden extremen Auffassungen der überwiegend materialbedingten Grundbruchform einer kontinuierlich gekrümmten Gleitfläche (z. B. einer logarithmischen Spirale), wie sie in der Bodenmechanik angewendet wird, und der rein gefügebedingten geknickten Bruchnische in der Felsmechanik eine Mischform existiert, die in Natur bei steilen, blockig geklüfteten Felsböschungen wohl am häufigsten zu erwarten ist.

Anschrift des Verfassers: Dr.-Ing. H. Hofmann, Schneeburggasse 54 f, A-6010 Innsbruck, Österreich.

Rock Mechanics, Suppl. 3, 45 (1974)

Einteilung der Rutschungen und anderer Hangbewegungen

Von

Jan Rybář, Prag

Der Inhalt dieses Vortrages wurde in Vol. 4, No. 2, S. 71, der Zeitschrift Rock Mechanics von den Autoren A. Nemčok, J. Pašek und J. Rybář unter dem Titel „Classification of Landslides and Other Mass Movements" (Klassifikation von Rutschungen und anderen Hangbewegungen) veröffentlicht.

The contents of this paper has been published in Vol. 4, No. 2, p. 71, of Rock Mechanics by the authors A. Nemčok, J. Pašek, and J. Rybář under the title "Classification of Landslides and Other Mass Movements".

Le contenu de cette conférence a été publié dans le Vol. 4, No. 2, p. 71, de Rock Mechanics par les auteurs A. Nemčok, J. Pašek et J. Rybář sous le titre "Classification of Landslides and Other Movements" (Classification des glissements et autres mouvements de terrain).

Rock Mechanics, Suppl. 3, 47—52 (1974)
© by Springer-Verlag 1974

Charakteristik und Analyse einer Felsrutschung im Kluftkörper von Tonschiefer

Von

Jaroslav Kolínský und **Karel Socha**

Mit 5 Abbildungen

Zusammenfassung — Summary — Résumé

Charakteristik und Analyse einer Felsrutschung im Kluftkörper von Tonschiefern. Anhand eines Beispieles aus der Praxis werden einerseits die Ursachen einer Felsrutschung analysiert, andererseits Arbeitshypothesen und Methoden erläutert, die unter analogen Bedingungen bei Entwürfen zur Sicherung von Felswänden verwertbar sind.

Die Analyse bestätigt die allgemeine Auffassung, daß man von schwierigen Bohr- oder Schutterarbeiten in einem Gestein nicht auf eine hohe Scherfestigkeit schließen darf. Eine Böschung in tonartigem Gestein ist kein stabiles System, so daß die Gefahr von kleineren, lokalen Abrutschungen droht. Diese entziehen sich in der Regel einer statischen Lösung, da sie häufig auf einer vorbestimmten Fläche entstehen.

Als eine optimale Lösung kann eine steile Böschung der Felswand bei vorhergehend gebohrten Einzelpfählen oder Streben in abgebohrten Profilen und Auffangen von waagrechten Kräften mittels Injektionsankern während des Abteufens betrachtet werden.

Charcteristics and Analysis of a Rock Slide in the Rock Unit of Argillaceous Clay. On hand of an example from the praxis, the causes of a rock face failure are described, and, on the other hand, the hypotheses and methods are explained which can be utilized in designing the securing of a rock face in similar conditions.

The analysis confirms the general approach that it is not possible to presume a high shearing strength from difficult boring or extractions. A slope in argillaceous rock does not represent a stable system and there is the danger of minor local slides. These are beyond static solution, as they frequently occur on a predetermined surface.

A steep slope of the rock face with pre-bored single piles or bracing with struts in bored profiles and interception of horizontal forces by means of grouted anchors during the excavation can be considered as an optimal solution.

La caractéristique et analyse d'un glissement de roche au bloc élémentaire de schistes argileux. En s'autorisant d'un exemple de la pratique, on analyse, d'une part, les causes d'un glissement de roche et, d'autre part, on éclaircit les hypothèses de travail et les méthodes, qui peuvent être utilisées pour les projets de stabilisation des parois de rocher en conditions analogues.

L'analyse vérifie l'interprétation générale qu'on ne doit pas conclure d'un forage ou d'une extraction difficiles des roches à une résistance de cisaillement élevée. Un talus dans un corps de schistes argileux n'est pas un système stable et l'on est menacé par le danger des glissements locaux de moindre importance. Ceux-ci échappent à une solution statique, comme ils commencent souvent sur une surface prédéterminée.

Comme solution optimale, on peut considérer un talus raide de la paroi de rocher avec des pieux individuels forés antérieurement ou avec des contrefiches posées dans les profils forés et avec la reprise des forces horizontales par des ancres injectés pendant le creusement.

Der beschriebene Fall einer Felsrutschung, welche glücklicherweise keine katastrophalen Folgen hervorgerufen hat, bestätigt gewisse Grundprinzipien, die man beim Abteufen von tiefen Baugruben in geologischen Formationen von Tonschiefern, also in einem geschichteten und klüftigen Gebirge, beachten muß.

In der in Abb. 1 dargestellten Skizze der Baugrubenumschließung ist die Schichtung des Gesteins angedeutet. Der Grundwasserspiegel entspricht dem Stand während der intensiven Frühjahrsregen im Jahre 1971. Die oberen Schichten bestehen aus dichten lehmigen Kiessanden und Aufschüttungen.

Das Gebirge wird wechselweise aus dünnen, plattig geschichteten Schiefern und dicken, bankartig geschichteten Kalksteinen gebildet und ist einem ständigen Verwitterungsprozeß ausgesetzt. Die Schichtflächen sind vorwiegend eben und zusammenhängend, jedoch sind auf ihnen Gesteinskeile leicht lösbar; diese stellen eine mechanische Diskontinuität dar. Der Verlauf der Klüfte ist nur ausnahmsweise kontinuierlich. Sie treten mittelhäufig bis häufig auf, und ihre Flächen klaffen um 1 mm auf (ohne Füllung oder von verwittertem Material verfüllt). Die komplizierten hydraulischen Verhältnisse waren wegen der Anisotropie nur im Modellversuch beherrschbar, da sie sich bisher theoretischen Ermittlungen entzogen haben. Die Untersuchung des Strömungsnetzes wurde nach dem Eintritt der Rutschung vorgenommen und ist mit dargestellt.

Ursprünglich enthielt das Projekt eine Baugrubenumschließung mit Schlitzwänden, die im Bereich des Gebirges in Einzelpfähle aufgelöst werden sollte, deren Herstellung mit Hilfe des RODIO-Gerätes vorgesehen war. Ein Teil der Arbeiten wurde in der Tat auf diese Weise durchgeführt, jedoch war der Aushub schwierig und zeitraubend wegen der Zähigkeit des Gesteins. Das Verbausystem wurde deshalb im Verlauf des Baues geändert. In den oberen Schichten wurden Trägerbohlwände benützt; im relativ schwach verwitterten Fels war eine Böschung mit einer Neigung von 10 : 1 und bewehrter Spritzbetonversiegelung bei vollkommener Entwässerung der Rückfläche bis zur Sohle der Baugrube vorgesehen. Im Querprofil waren die Trägerbohlwände durch zwei Reihen von Ankern mit Tragfähigkeiten von 25 Mp und 37 Mp verankert. In der abgesetzten Wand wurde lediglich die obere Reihe von Ankern von 25 Mp durchgeführt. Dieser Teil der Wand ist herabgerutscht (Abb. 2), obwohl die statischen Ermittlungen eine hinreichende Stabilität aufweisen. In die Stabilitätsberechnung wurde die Scherfestigkeit des Gebirges gemäß den In-situ-Versuchen eingesetzt, also nicht Werte eines Laborversuches aus einer kleinen Probe. Die höheren Werte des Gesteins gegenüber dem Gebirge wurden also nicht verwendet.

Additional material from *Felsmechanische Grundlagenforschung - Standsicherheit von Böschungen und Hohlraumbauten in Fels / Basic Research in Rock Mechanics - Stability of Rock Slopes and Underground Excavations,* ISBN 978-3-211-81251-8, is available at http://extras.springer.com

Schwierige Bohrarbeiten oder schwieriger Aushub des Gebirges können also nicht als Kriterien für das Vorhandensein eines hohen Scherfestigkeitswertes der Felswand betrachtet werden. Die Scherfestigkeit wird vor allem durch die Häufigkeit der Diskontinuitätsflächen sowie die Inhomogenität und

Abb. 2. Die Rutschung der Felswand (Gesamtansicht)
The slippage of the rock face (full view)
Le glissement du rocher (vue totale)

Qualität der Füllung der Schicht- und Kluftflächen beeinflußt. Während des Abteufens im Schiefergestein kam es zweimal zu Felskeilbrüchen. Im ersten Fall ungefähr in der Richtung der in die Grube einfallenden Schichten, im zweiten Fall bei der gegenüberliegenden Wand, also senkrecht zu den Schichten, welche hier in die Wand einfallen und sogar bei einer größeren Tiefe der ausgehobenen Sohle. Die Trägerbohlwände wurden daraufhin in der ganzen Baugrube im Fuß mittels der bereits erwähnten zweiten Reihe von Ankern von einer Tragfähigkeit von 37 Mp verankert, mit Ausnahme der abgesetzten Wand, wo die statische Berechnung eine hohe Stabilitätsstufe des massiven Felsstützkeiles aufwies. Die Anordnung der unteren Ankerreihe war sehr wirkungsvoll, denn die Stabilität wurde dort nicht mehr gestört.

Charakteristik der Felsrutschung

Die Felsrutschung entstand in einer Länge von ungefähr 40 m und war an beiden Enden durch markante lotrechte Dislokationen begrenzt, welche wahrscheinlich auch ihr Ausmaß beeinflußt haben (Abb. 3). Der Fuß der Rutschung war nach den Seiten in einer Gesamtlänge von ungefähr 46 m aufgerissen. Auf ihrer Oberfläche befanden sich zerbrochene Reste des Schutzbetons der Felswand, woraus man auf eine schnelles, beinahe explosionsartiges Eintreten der Rutschung schließen kann. Die Gesteinsarten im Rutschbereich wiesen keine Abwechslungen in den Bankungs- und Kluftflächen auf. Die Felswand unter der aufgetretenen Rutschfläche — also der Bereich an der Grenze der relativ unverwitterten Schichten — war nicht mechanisch beschädigt. Die obere Ankerreihe wurde während der Rutschung nicht herausgerissen, was von der Qualität der Durchführung zeugt.

Abb. 3. Markante lotrechte Dislokationen

Striking perpendicular dislocations

Dislocations verticales frappantes

Erkenntnisse aus einer eingehenden Analyse der Ursachen und des Mechanismus der Rutschung

1. Die Hauptursache der Rutschung war das Vorhandensein zahlreicher Dislokationen, von welchen der Fels durchsetzt war. Diese vorhandenen Flächen, deren Richtung und Neigung durchaus unregelmäßig ist, weisen bei ausreichender Überlagerung und Einspannung der Masse eine gewisse Schubfestigkeit auf. Falls aber diese Überlagerung entfernt wird, z. B. durch Aushub oder Abböschen, wird die Normalspannung vermindert, und es kommt zu einem Verlust der Scherfestigkeit (Abb. 4 und 5).

Die sekundäre Ursache war dann der Wasserdruck, welcher den Stand auf den Diskontinuitäten immer verschlechterte, bis es zur Rutschung kam.

Die Probleme der Hydraulik wurden bislang für ähnliche Felsformationen noch nicht einwandfrei erforscht. Modellversuche haben sich bereits bei manchen U-Bahn-Bauten in Prag bewährt. Ihre Resultate erfassen die möglichen extremen Fälle und ermöglichen also den Ingenieuren eine Variabilität in Gründungsmethoden, ohne die Gesetze der Wasserströmung grob zu verletzen oder ihre Einflüsse auf die Verminderung der Felsstabilität zu erhöhen.

2. Ein Felssicherungssystem ist unter ähnlichen Bedingungen zuverlässig, wenn es als Kombination von senkrechten Bohrelementen und Erdankern

Abb. 4

Abb. 5

Abb. 4 und 5. Dislokationen, die zu einem Verlust an Scherfestigkeit führen
Dislocations, causing a loss of the shearing strength
Dislocations qui causent une perte de résistance au cisaillement

durchgeführt wird. Man kann dabei grundsätzlich nicht mit dem Einfluß der Verbundwirkung von Felskeilen zum Auffangen von horizontalen Drükken rechnen, die von Pfählen oder von Trägern der Trägerbohlenwand stammen, welche gewöhnlich im Fuß in das gebohrte Profil einbetoniert werden.

3. Eine gemäßigte Abböschung, wie sie z. B. beim Erdaushub durchgeführt wird, ist in einem Schieferfels keine optimale Lösung. Sie bringt nämlich unabhängig von Zeit und Intensität das Risiko von lokalen Abrutschungen auf vorbestimmten Flächen mit sich, und diese Vorgänge entziehen sich jeder Stabilitätsberechnung. In Kombination von Dislokationen und Wasserdruck kann es zu Teilabrutschungen kommen, aber die generelle Neigung des Felsens weist dabei eine Stabilität auf, und sie hat sie auch tatsächlich. Die beschriebenen Erscheinungen der Standunsicherheit entstanden beim behandelten Fall durch die Wahl der generellen Neigung von 1 : 1. Theoretisch und praktisch ist es also vorteilhafter, eine steile Neigung anzunehmen und die Sicherung durch Einlegen von Felsankern oder gegebenenfalls Streben durchzuführen.

Die Felsanker weisen außer ihrer eigenen Tragfunktion noch andere zweckmäßige, nicht faßbare Funktionen auf:

— das Einschließen der Diskontinuitätsflächen im Fels,
— die Einschränkung der Scharung dieser Flächen und dadurch die Verminderung der Gefahr der Durchströmung des Felswassers,
— die Instandhaltung und unter Mitwirkung der Vorspannung auch Erhöhung der Scherfestigkeit des Gebirges als Ganzes.

4. Der technologische Vorgang des Aufbaues kann an sich die theoretischen Voraussetzungen und auch die ermittelte Sicherheit stark beeinflussen. Die Ansprüche an den Aufbau sind hoch, und die Bauvorgänge werden meistens streng vorgeschrieben (Schutzbeton, Entwässerung, Verhieb der Etagentiefe, Abschränkung der Sprengtechnik entlang der Wände usw.). Das Vernachlässigen einer dieser Faktoren trägt zur Verminderung der Gesamtstabilität bei.

Schlußfolgerungen

Es bestehen immer mehrere Ursachen einer Abrutschung, aber eine von ihnen hat gewöhnlich den entscheidenden Einfluß. Es ist aber gewiß, daß sich der Einfluß aller Ursachen nicht mit maximaler Intensität auf einmal geltend macht. Da auch jeder Abschnitt ein und derselben Baugrube seine spezifischen Bedingungen aufweist, ist es eine Aufgabe der Techniker, alle Erscheinungen und Vorgänge zu verfolgen und sie nach Wichtigkeit zu ordnen, und zwar bereits mit Inangriffnahme der Baumaßnahmen. Die geologische Forschung kann wegen ihres begrenzten Bereiches nicht alle Parameter der Diskontinuität erfassen. Es gilt immer, daß die beste Forschung das eigene Beobachten der Baugrube ist, von der man die umfassendsten Kenntnisse schöpfen kann.

Anschrift des Verfassers: Dipl.-Ing. Jaroslav Kolínský, Interprojekt, Žatecká, Praha 1, ČSSR.

Rock Mechanics, Suppl. 3, 53—67 (1974)

Eine Rutschung am Rand eines geologischen Grabens

Von

L. Müller-Salzburg und G. Lögters

Mit 10 Abbildungen

Zusammenfassung — Summary — Résumé

Eine Rutschung am Rande eines geologischen Grabens. Bei der Untersuchung einer größeren Rutschung am Nordrand des Peloponnes, die im Frühjahr 1971 zur Unterbrechung wichtiger Verkehrswege führte, sind Beziehungen zwischen der am Golf von Korinth vorherrschenden Graben-Tektonik und der Instabilität der Berghänge deutlich geworden.

Die junge Tektonik dieses Gebietes wird in den Arbeiten von R e n z, P h i l i p p - s o n, T r i k a l l i n o s, G a r a g u n i s u. a. beschrieben. Der geologische Aufbau des Rutschungsgebietes wurde in einer umfangreichen Untergrunderkundung bestimmt. Die Aufzeichnungen umfangreicher Messungen und geomechanische Untersuchungen geben Aufschluß über das Verhalten der bis heute nicht zur Ruhe gekommenen Hangbewegung.

Stichworte: Rutschung, Griechenland, Graben-Tektonik.

A Landslide at the Rim of a Geological Graben. Investigations of a landslide that occurred in the spring of 1971 on the northern coast of the Peloponnes in Greece revealed interrelations between graben-tectonics of the Gulf of Korinth and the instability of mountain slopes in that area.

The recent tectonics of this part of Greece were described in publications by R e n z, P h i l i p p s o n, T r i c a l l i n o s, G a r a g u n i s et al. The geologic structure of the slide area was investigated thoroughly. The characteristics of the slide movements which have not stopped yet are shown by numerous records of in-situ measurements and geomechanic investigations.

Key Words: Landslide, Greece, Graben-tectonics.

Un glissement de terrain à côté d'un graben géologique. L'analyse d'un glissement important à la côté nord du Peloponnes ayant interrompu d'importantes voies de circulation au printemps 1971 a montrée des rapports de causalité entre la tectonique de graben situé au Golfe de Corinthe et l'instabilité des pentes de montagne.

La tectonique récente de cet endroit est décrite dans les travaux de R e n z, P h i l i p p s o n, T r i k a l l i n o s, G a r a g u n i s et al. La structure géologique de la région de l'éboulement a été définie par une exploration du substratum. Les enregistrements de mesurages étendus et des investigations géomécaniques montrent le comportement de ce mouvement des masses pas encore stabilisé jusqu'à aujourd'hui.

Mots-clefs: Eboulement, la Grèce, tectonique de graben.

Alfred Philippson beschreibt das Gebiet der Achaia an der Nordküste des Peloponnes wie folgt: „Westlich von Ägion wird die Küste unter hohen Mergelhügeln zur Steilküste. Der Hang besteht zumeist aus gefaltetem, nord-streichendem Olonos-Kalk. Zahlreiche Runsen haben steile Schuttkegel auf-geschüttet, die zwischen den kleinen Buchten das Gestade gliedern." Hier

 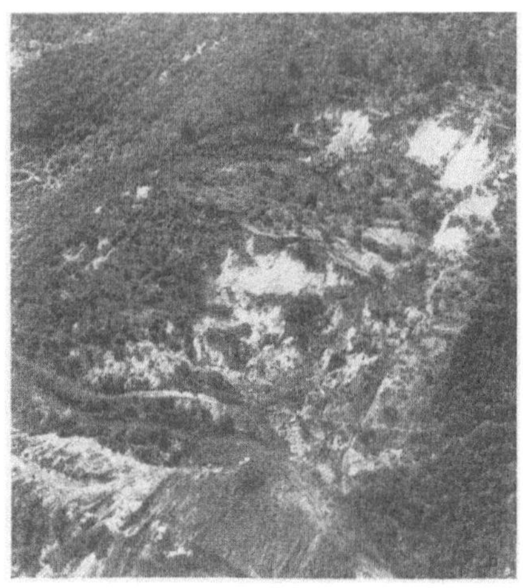

Abb. 1 a   Abb. 1 b

Abb. 1. Panagopoula-Rutschung
a) Gesamtansicht; b) Eigentliche Rutschung im oberen Teil des Hanges
Panagopoula Landslide
a) total view; b) close-up of the actual slide in the upper part of the slope
Glissement de Panagopoula
a) vue totale; b) glissement (partie haute du talus)

wurden vor ungefähr eineinhalb Jahren in der Nähe des Ortes Psatopyrgos an einer Stelle, die Panagopoula genannt wird, bei einem mehrere Stunden dauernden Erd- und Felsrutsch die kürzlich fertiggestellte Schnellstraße Korinth—Patras sowie die Eisenbahnlinie und die alte Landstraße durch einen mächtigen Schuttkegel versperrt (Abb. 1).

Die eigentliche Rutschung fand im oberen Teil des Hanges statt. Ein großer Teil der so bewegten Massen wurde über den Rand, der künstlich durch einen hohen Felsanschnitt der Schnellstraße ein bis zwei Jahre vor der Rutschung geschaffen worden war, geschoben und zerbrach dabei zu einer Masse aus Hangschutt.

Im einzelnen handelte es sich um einen recht komplizierten Bewegungs-vorgang, der nur in groben Zügen rekonstruiert werden konnte.

In der 200—400 m breiten und 600 m langen Rutschung können vier Bereiche unterschieden werden (Abb. 2).

In den Bereichen I und II fand die eigentliche Rutschung statt. Bereich I ist durch Volumenabnahme, Bereich II durch Volumenzunahme gekennzeichnet. Die Hauptbewegungsrichtung war dabei wohl von Südwest nach

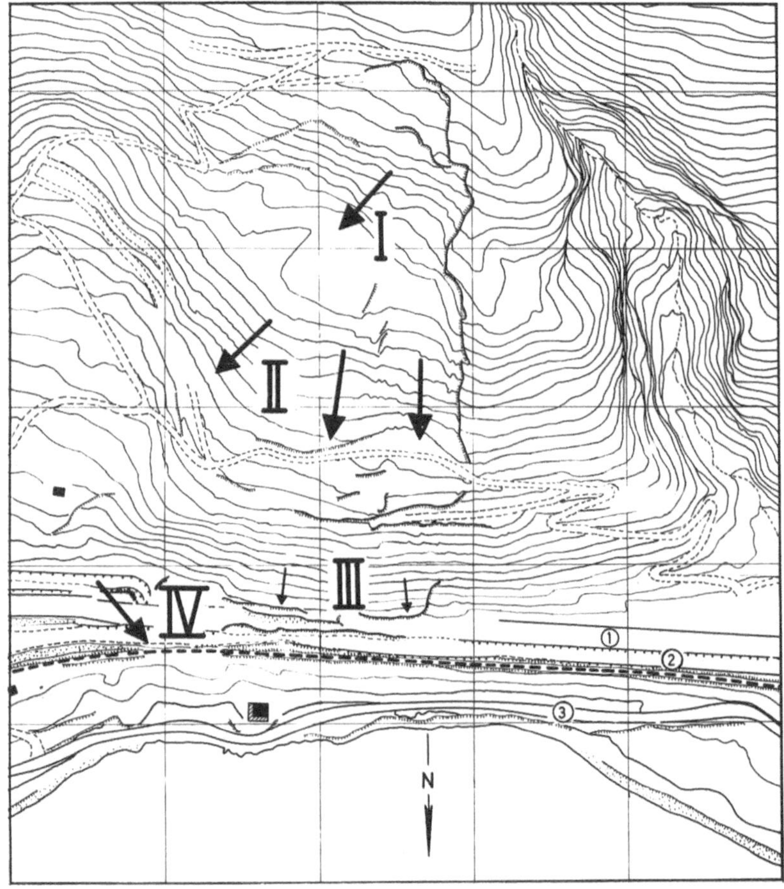

Abb. 2. Hauptbewegungsrichtungen der einzelnen Rutschungselemente
1 Neue Schnellstraße; 2 Alte Landstraße; 3 Behelfsstraße

Directions of Movement of Separate Slide Components
1 new highway; 2 old road; 3 temporary road

Direction principale de déplacement des components singulaire de l'éboulement
1 nouvelle route; 2 ancienne route; 3 route provisoire

Nordost, jedoch wurden am westlichen Rand der Rutschung beträchtliche Massen in fast genau nördlicher Richtung verlagert. Die Pfeile in Abb. 2 verdeutlichen die rekonstruierten Bewegungsrichtungen.

Im Bereich III liegt der Schuttkegel, der ursprünglich die drei Verkehrswege bedeckte und ein Volumen von einigen hunderttausend Kubikmetern gehabt haben muß, der jedoch in der Zwischenzeit zum großen Teil abgeräumt wurde, um einen zumindest provisorischen Fahrzeug- und Eisenbahnverkehr zu ermöglichen.

Im Bereich IV fand eine Woche nach dem Hauptereignis eine zweite Rutschung statt. Diese ist relativ klein und zeichnet sich im Gelände kaum ab; jedoch an den drei Verkehrswegen richtete sie infolge der Gesamtverschiebung von ungefähr 3 m horizontal und 1 m nach unten ganz beträchtlichen Schaden an. Ursache dieser unteren Rutschung und die Frage, ob ein Zusammenhang mit der um eine Woche älteren Großrutschung besteht, liegen auch heute noch im Dunkeln, ebenso wie bisher ungeklärt ist, weshalb sich diese kleine Rutschung etwa quer zur Hauptrichtung der ersten Rutschung bewegt hat.

Interessant ist der zeitliche Ablauf der Ereignisse.

Das Ereignis kündigte sich 3 Wochen zuvor durch offene Risse im oberen Teil des Hanges und einen Tag zuvor durch Steinschlag an der Böschung der Schnellstraße an. Die große Rutschung dauerte am 26. April von 2 Uhr morgens bis 12 Uhr mittags; der letzte Steinschlag hörte einen Tag später auf. Die Bauarbeiten an der Straße waren ungefähr ein Jahr zuvor abgeschlossen worden. Etwa damals wurde auch eine kleine Rutschung etwas oberhalb der Straßenböschung beobachtet.

Die untere Rutschung (Bereich IV) kündigte sich 4 Tage nach der oberen durch offene Risse an; auch sie fand wiederum in der Zeit zwischen fünf Uhr morgens und 12 Uhr mittags am 3. Mai statt. Jeweils zwei Tage vor beiden Rutschungsereignissen wurden kleine, jedoch spürbare Erdbeben registriert, deren Epizentren in der Nähe von Panagopoula in einer Entfernung von etwa 10 bis 30 km lagen.

Das Gebiet gehört zur geologisch-tektonischen Einheit der Olonos-Pindos-Zone, die Carl Renz beschreibt: „Das hauptsächliche Baumaterial bildet ein vom Trias bis zur oberen Kreide durchlaufender Schiefer-Hornstein-Plattenkalk-Komplex, der konkordant von Pindos-Flysch überlagert wird."

Gruppenweise angeordnete Hornsteinschichten und Schiefer wechseln mit Plattenkalken, die meist ebenfalls noch von Zwischenlagen oder Einwachsungen von Hornstein durchsetzt werden.

Die tektonischen Verhältnisse sind nach Renz derart gestaltet, daß an der Westseite das gefaltete Gebirge der ionischen Zone autochthon ansteht, während die mesozoischen Ablagerungen der Olonos-Pindos-Zone von Osten überschobene und mit ihrer Unterlage mitgefaltete Decken bilden.

Felsmechanisch ist festzustellen, daß der Kalkstein im Bereich der Straßenböschung in einer Mächtigkeit von 50 bis 80 m sowie oberhalb der Rutschung relativ standfest ist, während er im mittleren Bereich infolge der häufigen Überbeanspruchung eine nur geringe Gebirgsfestigkeit besitzt. Innerhalb der Kalksteinserie trifft man selten rote Schiefer-Hornsteine geringer Dicke, öfters aber Ton- und Mergelschichten aschgrüner Farbe an (Abb. 3). Eine zusammenhängende rote Schicht des Schiefer-Hornstein-Komplexes ist am Fuß der eigentlichen Rutschung zu finden.

Die jüngeren, neogenen Formationen dieser Gegend bestehen aus Konglomeraten, Sanden und Mergeln. Sie befinden sich abseits vom Rutschungsgebiet. Oberflächlich ist das gesamte Rutschgebiet von aufgelockertem Material aus Kalksteinen und Hornsteingeröllen bedeckt.

Von besonderem Interesse ist die Tektonik des Gebietes.

Nach Panagos muß die Bruchtektonik auf die Rutschung einen deutlichen Einfluß gehabt haben. Zeugen derselben sind küstenparallele Störungen

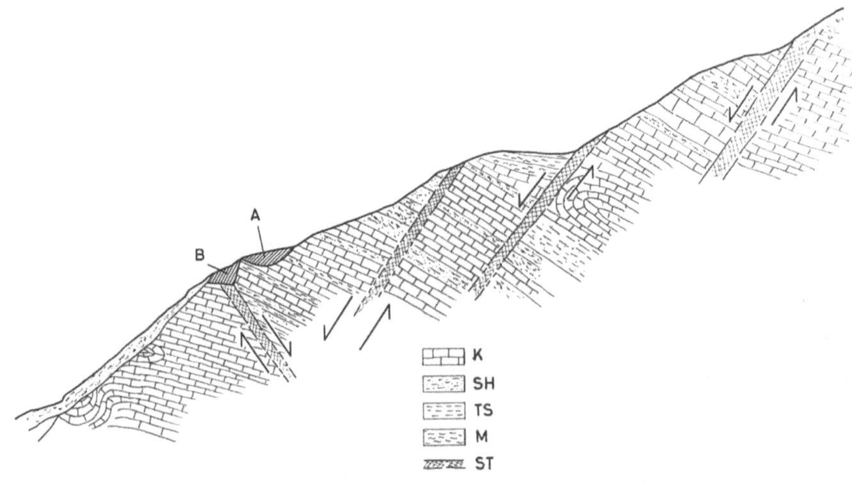

Abb. 3. Geologischer Schnitt durch das Rutschgelände
A Gebiet der kleinen Rutschung im April 1970; B alter Einschnitt; K Kalkstein, Obere Kreide; SH Schiefer-Hornstein Komplex, Obere Kreide; TS Tonschiefer, Obere Kreide; M Konglomerate und Mergel, Pliozän; ST Störung (teilweise vermutet)

Geologic Section of slide area
A area of a small slide in April 1970; B old excavation; K limestone, upper cretaceous; SH Schiefer-Hornstein complex, upper cretaceous; TS clay shales, upper cretaceous; M conglomerates and marls, pliocene; ST fault (in some parts estimated)

Coupe géologique à travers de glissement
A Glissement de l'année 1970; B ancienne excavation; K calcaire, crétacé supérieur; SH complexe de schistes et hornstein; TS schiste argileux, crétacé supérieur; M conglomérats et marne, pliocène; ST faille (supposée en partie)

und glatte Gleitflächen, häufig auch nordöstlich und nordwestlich streichende Verwerfungen (Abb. 3). Typisch für die ganze Zone ist die intensive Faltung der Gesteine bis in kleinste Bereiche.

Bei unseren Begehungen haben wir mehrfach fallinienparallele Faltenachsen beobachten können, deren Einfluß auf die Hangstabilität gravierend sein kann.

Die beobachteten Erdbeben scheinen in diesem Fall nicht als direkte Initialzünder der Rutschung gewirkt zu haben, wie dies bei vielen anderen Hangbewegungen, so z. B. im Jahre 1964 bei dem großen Erdbeben und den

dadurch ausgelösten Rutschungen in Alaska der Fall war. Hier in Panagopoula fanden die Rutschungen erstaunlicher- oder zufälligerweise immer zwei
Tage nach dem Erdbeben statt.

Auch ein unmittelbarer Einfluß des Bergwassers auf die Rutschung kann
nicht behauptet werden. Zwar war die Winterregenzeit in diesem Gebiet eben
abgeschlossen, jedoch sind in kürzerer Zeit vor der Rutschung keine größeren
Regenfälle beobachtet worden.

Auch der Böschungsanschnitt der Schnellstraße ist schon etwa zwei Jahre
vor der Rutschung fertiggestellt worden.

Schon Panagos erwähnt in seinem Bericht glatte, etwa parallel zur
Küste streichende Gleiflächen. Prächtige Exemplare solcher Gleitflächen können in gut 50 km Entfernung in völlig verschiedenen Gebirgsverhältnissen
beobachtet werden.

Diese großräumigen Gleitflächen direkt an der Nordküste des Peloponnes
gehen offensichtlich auf gewaltige tektonische Formungsakte zurück. Die Ausmaße der in Konglomeraten beobachteten Gleitflächen sind gewaltig. Bei der
Abscherung sind ungeachtet des lockeren Kornverbandes die einzelnen Körner
des Konglomerats glatt durchtrennt worden. Ohne Zweifel sind diese großen
Abschiebungen wesentliche Strukturelemente des sogenannten Korinthischen
Grabens.

Die Rutschung mit einem rezenten, tektonischen Formungsakt in Ver-
bindung zu bringen, legen unter anderem z. B. Erfahrungen im Himalaya-
Gebiet nahe. In der näheren Umgebung des Yamuna-Kraftwerkes gehen am
Ausbiß der Nahan-Überschiebung nahezu Jahr für Jahr wiederkehrende
Rutschungen nieder.

Leider ist noch kein Beispiel aus der Gegend einer Grabenbildung bekannt geworden, das zur Verdeutlichung unserer Vorstellung mit der Panagopoula-Rutschung verglichen werden könnte.

Wahrscheinlich würden wir lehrreiche Beispiele besitzen, wenn die Boden-
mechaniker die Geologie und die Geologen die Geomechanik gegenständlicher
vor Augen hätten.

Den Grabenbildungsprozeß hat Hans Cloos in klassischer Weise analysiert. Das Einsinken der eigentlichen Grabenscholle gegenüber den aufsteigenden Grabenschultern entlang der Hauptverwerfungen und der synthetisch
verlaufenden Begleitstörungen ist fast allemal begleitet von der Ausbildung
antithetischer, im entgegengesetzten Bewegungssinne drehender Verwerfungen
und Großklüfte.

Der Graben von Korinth ist in zahlreichen Arbeiten diskutiert, jedoch
ausführlich und ins einzelne gehend meist nur in der näheren Umgebung
des Kanals von Korinth beschrieben, wohl wegen dessen besonderer Anziehungskraft.

Der Korinthische Golf schnürt mit seinem sich nach Osten fortsetzenden
Gegenstück, dem Saronischen Meerbusen, den Peleponnes, vom Festland ab
(Renz).

Auffallend seine Parallelität mit dem Graben vor der Insel Euböae
(Abb. 4).

In der Nähe von Panagopoula vermerkt die gezeigte Karte von Bornovas eine Beugung der sonst überall geradlinig verlaufenden Strukturlinien.
Uns scheint die Morphologie weit eher eine Staffelung dieser Brüche nahe-
zulegen.

Die erste Abtrennung des Peloponnes von den nördlich liegenden Gebirgen und die Entstehung des Grabens von Korinth geschah vor dem unteren

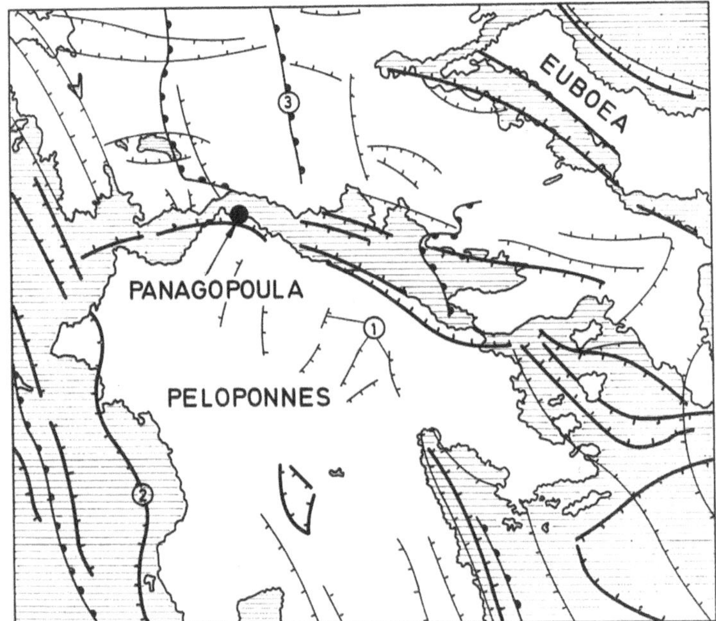

Abb. 4. Großräumige Störungssysteme in Griechenland (nach J. Bornovas 1971)
1 Vorpleistozäne Störungsfläche; 2 Pleistozäne Störungsfläche; 3 Überschiebung

Faults and major structural trends in Greece (J. Bornovas 1971)
1 Pre-pleistocene normal fault; 2 pleistocene normal fault; 3 front line of upthrust

Failles des structures principales en Grèce (J. Bornovas 1971)
1 Faille pré-pleistocène; 2 faille pleistocène; 3 front d'un chevauchement

Pliozän. Nachdem der Graben von Korinth mächtige tertiäre Sedimente aufgenommen hatte, kam es als Folge epirogener Hebungen später zu einer Re-
gression, welche die aufsteigenden Schichten in Schollen zerlegte. Später wurde
der Graben abermals vom Meer überflutet und der Peloponnes wurde eine
Insel (Garagunis).

Der Verlauf des unter den Wassern des Golfes von Korinth liegenden
Meeresgrundes zeigt besonders deutlich die tiefe Einsenkung dieses jungen
Grabens (Abb. 5a). Noch klarer wird der Charakter des Grabenrandes aus
den in Abb. 5b dargestellten Zeichnungen von Garagunis, die die Ter-
rassenbildungen in der Nähe der Stadt Korinth wiedergeben, die schon von
Philippson, Renz, Trikallinos und anderen erwähnt und ausführlich

diskutiert wurden. In diesen haben wir offenbar die Begleitstörungen der Hauptverwerfung des Grabens zu sehen.

Der tektonischen Struktur entsprechend werden deutliche rezente Höhenverstellungen und Erdbeben registriert.

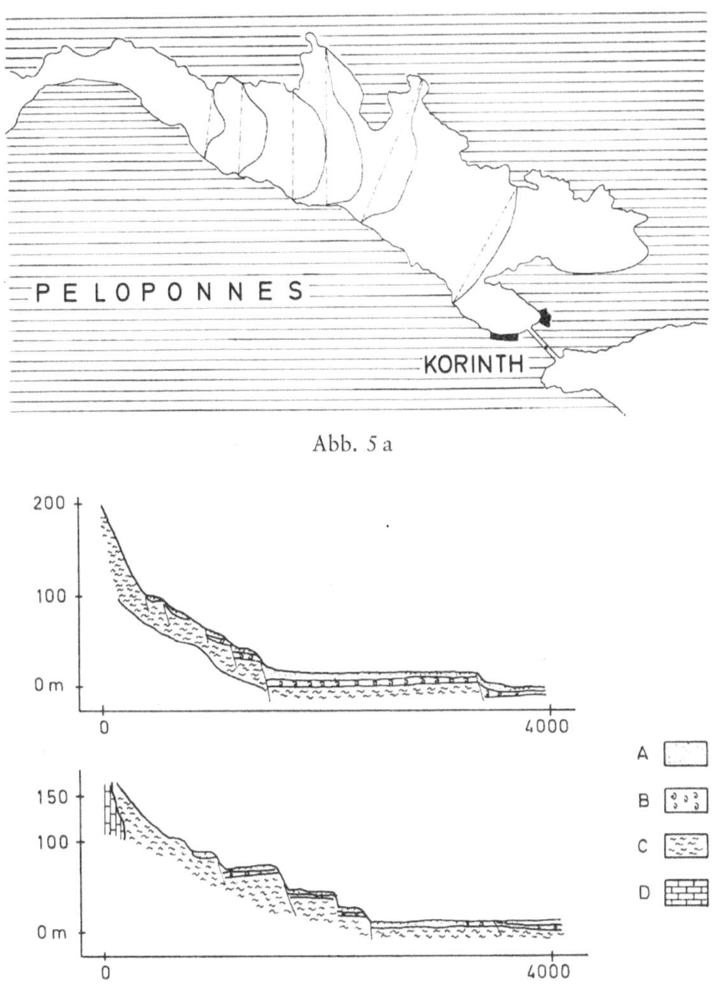

Abb. 5. Der Golf von Korinth (nach C. Garagunis 1967)
a) Meerestiefen; b) Geologische Profile in der Nähe der Stadt Korinth
A Alluviale Ablagerungen; B Kalksandstein, Tyrrhenia; C Mergel, Pliozän; D Kalkstein, Trias

Gulf of Korinth (C. Garagunis 1967)
a) Water depth profiles; b) geologic profiles in the vicinity of Korinth
A Alluvial deposits; B calcareous sandstone, tyrrhenia; C marl, pliocene; D limestone, triassic

Golfe de Corinthe (C. Garagunis 1967)
a) Coupes transversales; b) profils géologiques près de Corinthe
A Dépots alluviaux; B calcaire-grès, tyrrhène; C marne, pliocène; D calcaire, trias

Aus der Erdbebenkarte von Griechenland von Galanopoulos u. a. aus dem Jahre 1971 ist recht deutlich die Aufreihung der Epizentren der jüngeren und älteren Erdbeben entlang der Randverwerfungen des Korinthischen Grabens sowie auch der benachbarten Gräben im Saronischen Golf und vor der Insel Euböa zu erkennen.

Nach Montandant (1953) haben in der Zone Korinth—Patras in historischer Zeit bis zum heutigen Tage insgesamt 12 Erdbeben mit einer Stärke von 1 1/2 bis 7 nach Merkalli-Sieberg stattgefunden. Mehrere von ihnen haben auf der Erdoberfläche bleibende morphologische Veränderungen hervorgerufen, von denen Trikallinos die folgenden beschreibt: „Im Jahre 373 v. Chr. verschwand die Stadt Heliki, die auf der Südseite des Grabens von Korinth lag infolge eines Erdbebens im Meer. Durch das Erdbeben von 1861 hat am Rande desselben Grabens bei Walimitika und Trypia eine Küstenversenkung von 15 Millionen m² stattgefunden und entstanden auf einer Strecke von 13 km viele Klüfte, die etwa 2 m breit waren."

Die häufig wiederkehrenden Erdbeben zeigen an, daß es sich bei den großtektonischen Verschiebungen entlang der Grabenrandverwerfungen nicht um kontinuierliche Bewegungen handelt. Dasselbe gilt natürlich auch für die Verschiebungen bei einer Hangbewegung wie bei der Panagopoula-Rutschung. Der moderne Fachausdruck für ein solches Gleiten und Steckenbleiben, wieder Gleiten und wieder Steckenbleiben, ist stick-slip. Dieser Natur der Reibungsvorgänge verdanken wir es, daß wir sie in einem Felsknistermikrophon registrieren können, das die beim stick-slip auftretenden Geräusche verläßlich aufzeichnet. Aus der zunehmenden Frequenz und Intensität der Geräusche kann auf einen bevorstehenden Gleitvorgang geschlossen werden. Felsknistermikrophone sind im Panagopoula-Hang inzwischen in großer Zahl eingesetzt.

Stick-slip-ähnliche Phänomene treten wahrscheinlich bei großtektonischen Verschiebungen in Intervallen von Jahrzehnten auf, bei Rutschungen in Intervallen von Minuten oder Sekunden.

Der am Grabenrand herrschende Spannungszustand muß einen bedeutenden Einfluß auf die Standsicherheit von Böschungen haben. Eine ausschlaggebende Frage ist daher die nach der Spannungsverteilung an einem Grabenrand.

Es ist einzusehen, daß diskontinuierliche Bewegungsvorgänge zur Akkumulation von Spannungen in der Umgebung der Grabenrandverwerfung führen müssen.

Leider gibt die Tektonik bisher keinerlei Auskunft über solche Spannungsverteilungen. Der modernen Geomechanik aber, die dieses Problem gerne studieren möchte, wird hierzu keine Gelegenheit gegeben.

Schon ein einfacher Modellversuch (Abb. 6) zeigt den gravierenden Unterschied der Spannungsverteilungen, die sich in einem Böschungskörper je nach der Orientierung des Primärspannungsfeldes, das bei einem aktiven Grabenbildungsprozeß notgedrungen vorhanden ist, einstellen. Darüber hinaus muß eine ständige Heraushebung der Grabenschultern Spannungen im Gebirge aufrechterhalten, die das Gestein bis an seine Bruchfestigkeit beanspruchen. Die zum aktiven Grabenprozeß unausweichlich dazugehörenden horizontalen Zugspannungen dürften das vorhandene Spannungsfeld etwa in der Form gestalten, wie dies in der rechten Hälfte von Abb. 6 angedeutet ist.

So läßt sich leicht vorstellen, daß im Laufe der Jahrhunderte ein Hang an einem Grabenrand immer in einem Spannungszustand labilen Gleichgewichts gehalten wird. Dann sind nur noch relativ geringe Antriebe aus anderen Quellen, wie z. B. Erdbeben, die ja auch mit der Grabenbildung einhergehen, oder ungünstige Bergwasserverhältnisse notwendig, eine Rutschung zur Auslösung zu bringen.

Die chronische Instabilität der Hänge in Panagopoula und der direkten Nachbarschaft, die hier in der Morphologie ihre deutlichen Spuren hinterlassen haben, sprechen für eine solche These.

Daß diese Rutschung am Rande des Korinthischen Grabens durch die herrschenden Spannungen ganz wesentlich beeinflußt und wahrscheinlich auch

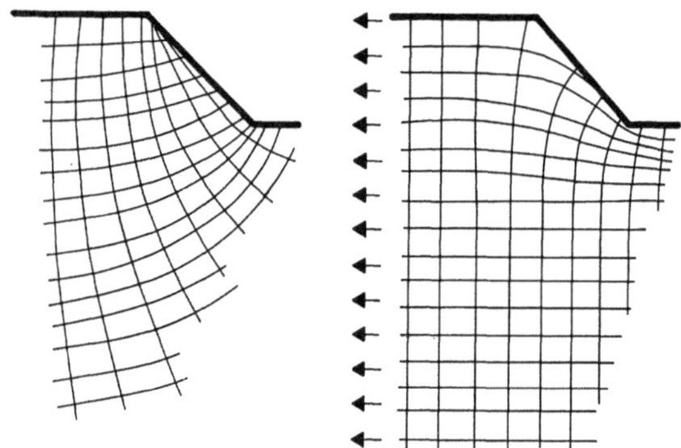

Abb. 6. Spannungstrajektorien in einem steilen Berghang — Modellversuche
(L. Müller, 1959)

Stress distribution in a steep mountain slope — model test
(L. Müller, 1959)

Trajectoires des contraintes dans un talus — Essai sur maquette
(L. Müller, 1959)

ausgelöst wurde, halten wir für höchstwahrscheinlich. Sicher ist, daß ihr durch die tektonische Gesteinszermürbung Vorschub geleistet wurde.

Denn sie befindet sich zwischen großen Staffelbrüchen, deren genaue Lage wir leider nicht kennen. Abb. 7 zeigt Annahmen über die mögliche Form und Tiefenlage der Gleitflächen. Einzelne Anhaltspunkte für die Wahl der Tiefenlage der Gleitfläche ergaben sich aus Ergebnissen von Erkundungsbohrungen sowie sogenannten Pressiometer-Versuchen mit einer Menard-Sonde in fünf verschiedenen Bohrlöchern entlang des gezeichneten Schnittes.

Die mit den Buchstaben NE in Abb. 7 gekennzeichnete, rekonstruierte Gleitflächenlage soll den Teil der Gleitfläche darstellen, der sich durch die Rutschung in ungefähr nordöstlicher Richtung gebildet hat. Der mit N bezeichnete Ast dieser Gleitlinie stellt den Teil der Rutschung dar, der am westlichen Rand in ziemlich genau nördlicher Richtung und weiter nach unten greifend abgegangen ist.

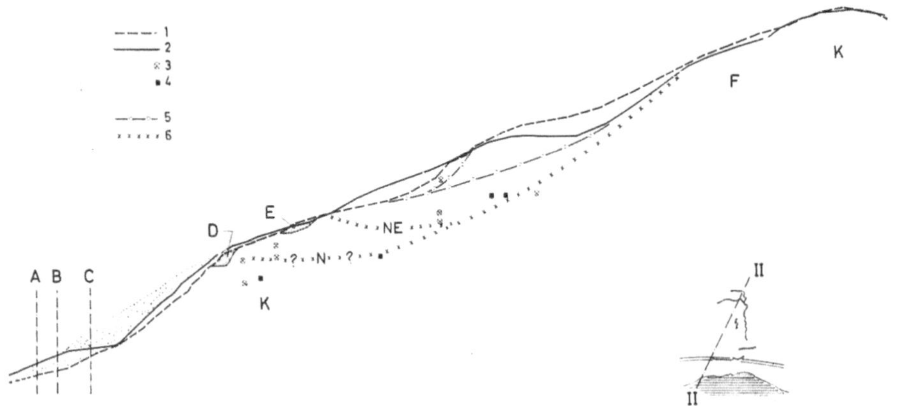

Abb. 7. Lage der Gleitfläche

A Alte Landstraße; B Eisenbahnlinie; C Neue Schnellstraße; D Einschnitt aus dem Herbst 1970; E Rutschung vom März 1970; F Bereich mit Nachbrüchen; K Standfester Kalkstein; 1 Geländeoberfläche vor, 2 Geländeoberfläche nach der Rutschung; 3 Punkt der Gleitfläche in einer Erkundungsbohrung; 4 Punkt der Gleitfläche hergeleitet aus dem Ergebnis eines Pressiometerversuches; 5 Mögliche Gleitflächen nach Tassios; 6 Rekonstruierte Gleitflächen

Position of slide surface

A Old Road; B railroad; C new highway; D excavation of fall 1970; E slide of March 1970; F area of back-breaking; 1 surface before, 2 surface after sliding; 3 point of slide in an investigation borehole; 4 point of slide surface derived from results of pressiometer tests; 5 possible slide surfaces according to Tassios; 6 reconstructed slide surfaces

Position de la surface de glissement

A Ancienne Route; B chemin de fer; C nouvelle route; D excavation de l'année 1970; E glissement de l'année 1970; F partie instable; K calcaire solide; 1 surface du terrain avant le glissement; 2 surface du terrain après le glissement; 3 point de la surface de glissement dans un forage de reconnaissance; 4 point de la surface de glissement dérivé d'un résultat d'un essai pressiométrique; 5 surfaces de glissement possibles d'après Tassios; 6 surfaces de glissement reconstruites

Trotz dieser relativ genauen Rekonstruktion bleiben doch entscheidende Fragen offen, und zwar:

1. die Frage nach dem Grund für die unterschiedlichen Bewegungsrichtungen im oberen Teil des Hanges, wie sie in Abb. 1 gezeigt wurden, und deren Erklärung eventuell durch Faltenachsen gegeben werden kann, welche in Bewegung schienen, deren Existenz jedoch bisher noch nicht genauer untersucht worden ist, und

2. die Frage nach dem Zusammenhang der ersten und der zweiten Rutschung sowie die Frage nach der Natur der zweiten Rutschung selbst.

Zur Klärung der ungelösten Probleme wird seit ungefähr einem Jahr ein umfangreiches Untersuchungsprogramm durchgeführt.

Die bisher gewonnenen Ergebnisse lassen einige Schlüsse in bezug auf die Zusammenhänge von Tektonik und Hanginstabilität zu.

Verschiebungsmessungen an zahlreichen Oberflächenpunkten sowie in verschiedenen Bohrlöchern geben Aufschluß darüber, daß die Bewegungen im Rutschgebiet nicht zur Ruhe gekommen sind. Vor allem führen die aufgelockerten, oberflächlichen Partien eine von der Jahreszeit abhängige Kriechbewegung aus. Jedoch lassen die Messungen mit Hilfe von Deflektometern (System Interfels) in tiefen Bohrlöchern ebenso wie die frappierende Übereinstimmung der gemessenen Bewegungsrichtungen und -größen mit dem ursprünglichen Ereignis darauf schließen, daß der Hang seit der großen Massenumlagerung im Frühjahr 1971 noch immer kein Gleichgewicht gefunden hat.

Ein von Mencl entwickeltes Verfahren zur Ermittlung der Spannungen an der Oberfläche von Rutschungen kam an vier Stellen des Panagopoula-Gebietes zur Anwendung. Es handelt sich um eine relativ einfache Anordnung

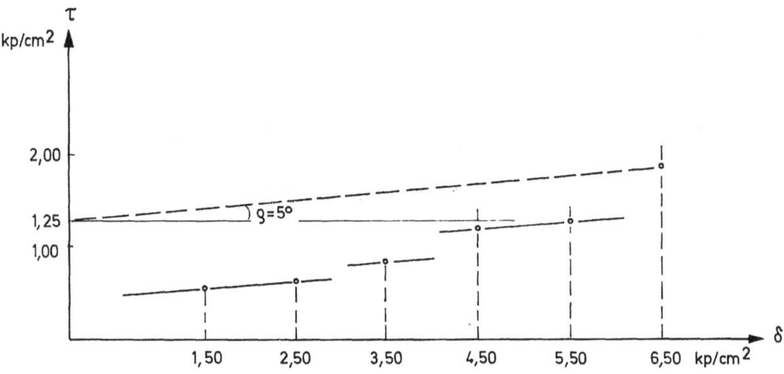

Abb. 8. Ergebnis eines in-situ-Scherversuches im Rutschgebiet
(Scherfläche 70 × 70 cm)

Results of an in-situ shear-test carried out in the slide area
(shear plane 70 × 70 cm)

Résultats d'une expérience de cisaillement in-situ dans la région du glissement
(surface 70 × 70 cm)

mit deren Hilfe die Dehnungen gemessen werden, die im oberflächennahen Bereich durch Entlastungen beim Niederbringen eines kleinen Bohrloches entstehen.

Die Ergebnisse deuten an, daß zumindest in höher gelegenen Bereichen des Hanges Spannungsfelder wirksam sein könnten, die nicht allein schwerkraftbedingt sind.

Vier in-situ-Scherversuche mit einer Scherflächengröße von 70×70 cm² in verschiedenen Gebirgsarten ergaben außerordentlich niedrige Scherfestigkeitswerte, noch niedriger, als schon aufgrund der intensiven Zerbrechung des Gesteins von vornherein angenommen wurde. Vor allem war der Reibungsanteil des Scherwiderstandes außerordentlich gering (Abb. 8), offenbar bedingt durch Tonbeläge auf den Schichtflächen des dünnplattigen Kalksteines.

Von Anfang an war klar, daß ein ausschlaggebender Einfluß auf die Rutschung durch das Bergwasser ausgeübt wurde.

Die Ergebnisse der zahlreichen Wasserstandsmessungen, vieler Wasserabsenk- und Wasserabpreß-Versuche, ebenso wie einige fehlgeschlagene Drai-

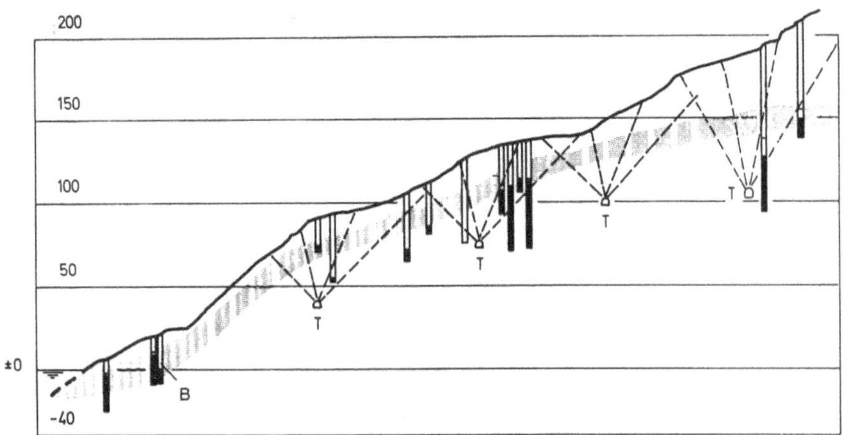

Abb. 9. Wasserstände (W) und geplantes Drainagesystem

T Drainagestollen; *B* Drainage-Bohrungen

Water levels and projected drainage system

T Drainage galleries; *B* drainage boreholes

Niveaux d'eau et système de drainage prévu

T Galeries de drainage; *B* forages de drainage

nageversuche in Horizontalbohrungen zeigen an, daß Bereiche sehr unterschiedlicher Durchlässigkeit vorliegen.

Ganz besonders der Bereich der eigentlichen Rutschung in der Mitte des Hanges zeichnet sich durch relativ hohe, über den gesamten Beobachtungszeitraum konstante Grundwasserstände aus.

Zudem mußte befürchtet werden, daß Wasser aus der Schlucht, die schräg hinter dem Rutschgebiet vorbeiführt, durch oberhalb der Rutschung anstehende, verkarstete Kalksteine einsickert, bzw. in Regenzeiten sogar einfließt und große Teile der Rutschung unter Auftrieb setzt. Diese Annahme haben Geländebeobachtungen von Jirowec inzwischen eindeutig bestätigt.

Augenblicklich wird versucht, durch den Bau von Drainage-Stollen und Fächerbohrungen (Abb. 9) den Wasserspiegel und damit den Wasserdruck im gefährdeten Bereich abzusenken.

Die Bedeutung der Felsknistermikrophone zur Aufzeichnung der Bewegungsvorgänge bei einer Hangrutschung wurde schon angeführt. Solche Geräte sind an 7 Stellen in Bohrlöchern eingebaut. Die Aufzeichnungen (Abb. 10) zeigen deutliche Übereinstimmungen der Geräusch-Maxima in allen Bohrlöchern.

Ziel der umfangreichen Untersuchungen ist es, durch Korrelation verschiedenster Beobachtungen Zusammenhänge und relativen Einfluß der Faktoren Wasser, Seismik und Bewegung zu erhalten. Die einzelnen Ganglinien der Beobachtungen verraten oft verzweifelt wenig. Trägt man sie aber synchron auf (Abb. 10), wie die Stimmen einer Orchester-Partitur, dann fangen sie zu sprechen an.

Die in Abb. 10 dargestellten Kurven stellen nur einen Auszug charakteristischer Kurven aus einer solchen vollständigen Partitur von 65 Zeilen aus

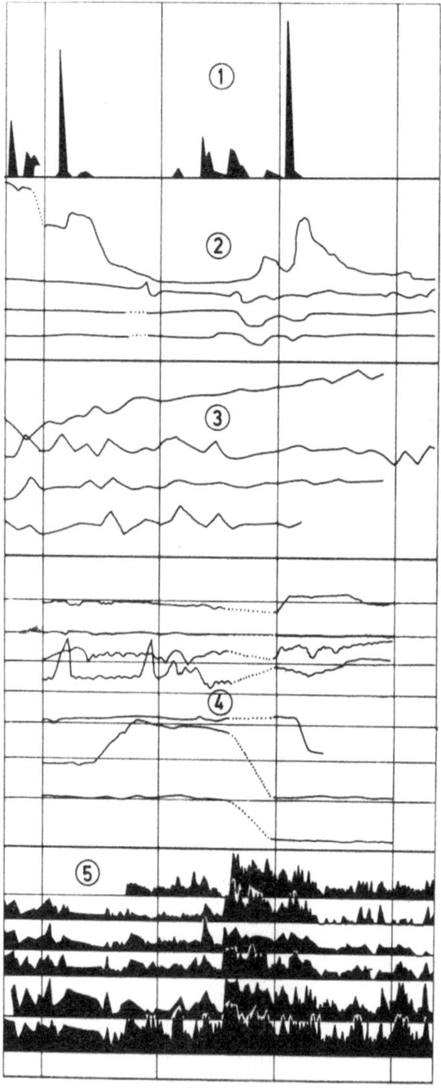

Abb. 10. Korrelation unterschiedlicher Meßergebnisse

1 Niederschläge; 2 Bohrlochwasserstände (Piezometermessungen, Geoerevna); 3 Verschiebungen von Oberflächenpunkten (Geodätische Messungen, Geoerevna); 4 Horizontale Bohrlochverschiebungen (Deflektometer, System Interfels); 5 Tägliche Frequenz der Felsknistergeräusche (Bohrlochmikrophone, Interfels)

Correlation of different measurement results

1 Precipitations; 2 water levels in boreholes (piezometric measurements, Geoerevna); 3 displacements of surface points (geodetic measurements, Geoerevna); 4 horizontal displacements inside boreholes (deflectometer measurements, Interfels); 5 daily frequency of rock noise (borehole sensors, Interfels)

Corrélation des résultats de mesurages divers

1 Précipitations; 2 niveaux d'eau dans les forages (mesurages piézométriques, Geoerevna); 3 déplacements des points en surface du terrain (mesurages géodétiques, Geoerevna); 4 déplacements horizontaux mesurées dans les forages (mesurages avec déflectomètre, Interfels); 5 fréquence journalière des bruits de roche (capteurs en forage, Interfels)

Wasserständen, Felsknistergeräuschen und Deformationen dar. An bestimmten Punkten sind deutliche Übereinstimmungen verschiedener Auswirkungen des gleichen Ereignisses zu erkennen.

Üblicherweise trachtet man bei Rutschungen, den am intensivst wirkenden Faktoren eine Wirkung entgegenzusetzen. Im Falle Panagopoula ist dies nicht möglich. Denn die wesentlichste Ursache dieser Rutschung dürfte im Spannungsfeld des tektonischen Grabens zu suchen sein. Da wir dieses nicht beeinflussen können, muß man umso mehr bestrebt sein, die übrigen Einflüsse, vor allem den des Wassers in den Griff zu bekommen. Darin liegt hier eine besondere Schwierigkeit.

Anschrift der Verfasser: Professor Dr. Leopold Müller-Salzburg, Dipl.-Ing. Gerhard Lögters, Abteilung Felsmechanik am Institut für Bodenmechanik und Felsmechanik der Universität Karlsruhe, Richard-Willstätter-Allee, D-7500 Karlsruhe 1, Bundesrepublik Deutschland.

Rock Mechanics, Suppl. 3, 69—78 (1974)

Ein Felssturz im Großversuch

Von

Luciano Broilli

Mit 8 Abbildungen

Zusammenfassung — Summary — Résumé

Ein Felssturz im Großversuch. Am Berg San Martino, oberhalb der Stadt Lecco am Comer See, wurden im Jahre 1971 künstliche Felsstürze durch Sprengungen ausgelöst. Die Bewegung der Felsmassen bestand aus einem freien Fall von etwa 200 m Höhe sowie einer teils rollenden und teils springenden Bewegung auf einem unter 30^0—35^0 geneigten Schuttkegel. Die einzelnen Phasen der Bewegung wurden mit Hilfe von sieben Filmkameras festgehalten.

Die Auswertung der Aufnahmen zeigte, daß die wesentlichen Bewegungsphänomene, wie Flughöhe, Flugweite und Geschwindigkeit einzelner Felsblöcke deutlich von ihrer Größe beeinflußt werden. Daher wird der Charakter der Gesamtbewegung, insbesondere der jeweilige Anteil fliegender und rollender Körper, an jeder Stelle der Bewegungsbahn von der ursprünglichen Blockgrößenverteilung der Felsmasse bestimmt.

Beim Aufschlag der frei fallenden Felsmasse wurden Energieverluste von 75 bis 85 % auf der Grundlage der gemessenen Geschwindigkeiten ermittelt.

Die Versuchsergebnisse stellen eine wesentliche Grundlage für die Dimensionierung von Schutzvorrichtungen für den von größeren Felsstürzen bedrohten Stadtteil von Lecco dar.

Large In-Situ Tests of a Rock Fall. Artificial rock falls were triggered by means of blasting on mount San Martino close to the City of Lecco in Italy. The movement of the rock masses consisted of a vertical fall of about 200 meters and a partially rolling, partially jumping movement on a debris slope inclined at 30—35^0. The different phases of movement were recorded by means of seven film cameras.

The films showed that the important parameters of such movements, as there are velocity, height and length of flight, are mainly influenced by the size of the rock blocks involved. Therefore the character of the movement, especially the percentage of flying and of rolling rock along the entire path of movement, are determined by the gradation of the blocks in the mass. While hitting the ground the energy dissipation of the vertically falling rock mass was found to be 75—85 %, calculated on the basis of the measured velocities.

The results of these in-situ tests are used as a basis of the design of protection devices for that part of Lecco that is threatened by major rock falls from mount San Martino.

Essais in-situ d'une chute de roche. Au mont San Martino près de Lecco (Lac de Como) des chutes artificielles de roche ont été provoquées par des explosions.

Le mouvement des masses de roche était composé d'un chute libre d'environ 200 mètres et d'un mouvement moitié roulant moitié sautant sur une pente détritique inclinée de 30 à 35⁰. Les différentes phases du mouvement ont été filmées par sept caméras.

Les films ont montré que les paramètres du mouvement de certains blocs de roche, vélocité, hauteur et longueur de vol, étaient influencés par leur volume. C'est pourquoi les caractéristiques de ces mouvements particulièrement le pourcentage des blocs roulants et des blocs sautants à chaque point de la course des roches sont déterminées par la granulométrie des blocs dans la masse. Au moment de la collision avec le terrain des blocs en chute libre la dissipation d'énergie calculée avec les vélocités enregistrés était de 75 à 85 %.

Les résultats des essais in-situ ont été utilisés comme base pour la projection des mesures de protection pour cette part de la ville de Lecco, qui était menacée par des chutes de roches du mont San Martino.

Im September und Oktober 1971 wurden in Lecco am Ufer des Comer Sees künstliche Felsstürze zur Untersuchung der hierbei auftretenden Bewegungsvorgänge ausgelöst.

Der in unmittelbarer Nähe der Stadt gelegene Berg San Martino ist gekennzeichnet durch sehr steile, 250 bis 300 m hohe Felswände, an deren Füßen sich breite Schutthänge befinden. Die Häuser der Stadt Lecco reichen bis an die Schutthänge heran. In dem Stadtteil direkt unterhalb der Steilwände leben schätzungsweise 10 000 Menschen (Abb. 1).

Das Gebirge besteht aus einem wenig geschichteten dolomitischen Kalk, der teilweise von Systemen größerer vertikaler Diskontinuitäten durchtrennt ist. Die durch das Flächengefüge gebildeten prismatischen Kluftkörper weisen Volumina zwischen 30 und 400 m³ auf. Vom Institut für Photogrammetrie an der Technischen Hochschule in Stuttgart wurden Gefügeaufnahmen durchgeführt, die den Vorstudien des Problems sowie der Vorbereitung der Großversuche dienten.

Verwitterungsphänomene, hydrostatischer Druck und vor allem progressiver Bruch, der mit der Entlastung des Bergmassisves einhergeht, sind als Ursachen der sich periodisch wiederholenden, jedoch ohne deutliche Vorwarnung auftretenden Bergstürze anzusehen. Die Bergstürze gehen nach dem Aufschlag in talabwärts rollende Schuttlawinen über.

Der bisher größte Bergsturz hatte ein Volumen von 10 000 bis 12 000 m³ und fand im Februar 1969 statt. Dabei wurden 8 Menschen getötet. Nach diesem Vorfall wurde beschlossen, die Sturzphänomene eingehend zu untersuchen, die Standsicherheit der gefährdeten Gebirgsteile zu erkunden und damit die notwendige Grundlage für die zukünftige Stadtplanung in diesem Teil von Lecco zu schaffen.

Zuerst wurde eine Reihe von äquivalenten Modellversuchen im Maßstab 1 : 160 am Istituto sperimentale Modelli e Strutture (ISMES) in Bergamo durchgeführt. Damit sollten insbesondere die komplizierten dynamischen Phänomene nachgebildet werden, die sich bei solchen „Abrollschuttstürzen" ereignen. Schon bei der Vorbereitung der Versuche zeigte sich, daß die modellgetreue Darstellung der die dynamischen Phänomene beschreibenden Parameter, wie Energiedissipation, Stoßzahlen und rollende Reibung, um ein Vielfaches schwieriger ist als die Wiedergabe von statischen Parametern, wie Elastizitätsmodul, Festigkeit, Gewicht und Reibung, die in manchen Fällen sogar unmöglich erscheint. So zeigten die Ergebnisse der ersten Modellversuchsreihen deutlich die Grenzen dieser Untersuchungsmethode und bestätigten

Abb. 1. Teil der Stadt Lecco am Comer See unterhalb des Berges San Martino
Portion of the city of Lecco (Lake of Como) situated below Mount San Martino
Partie de la ville de Lecco (Lac de Come) située au pied du Mont San Martino

die Ansicht, daß die in Frage stehenden Phänomene besser in in-situ-Großversuchen zu studieren sind. Dies gilt ganz besonders im Hinblick auf die für zukünftige Schutzmaßnahmen zu findenden Parameter.

Ziel der Großversuche

Die In-situ-Versuche dienten

1. dem Studium von verschiedenartigen Abwärtsbewegungsphasen der Schuttlawinen in Abhängigkeit von der Länge der Laufbahn,

2. der Auffindung allgemeingültiger Gesetzmäßigkeiten zwischen den beobachteten Vorgängen während des künstlichen Felssturzes und bereits bekannten Parametern des natürlichen Absturzes. Hierbei wurde insbesondere das Ziel verfolgt, Rückschlüsse über die Möglichkeit der Extrapolation von erhaltenen Daten zu erlangen,

3. ganz allgemein dem Studium der Massenbewegungen in ihrer Gesamtheit sowie in ihren Einzelteilen aus mehr oder weniger großen Felsblök-

ken, d. h. der Bestimmung von Beschleunigung und Geschwindigkeit in verschiedenen Bereichen der Laufbahn sowie der Änderung dieser Werte während der Abwärtsbewegung,

4. der Feststellung der Anfangsgeschwindigkeit nach dem Aufschlag sowie der zu diesem Zeitpunkt vorhandenen Energiemenge. Außerdem sollte hier der Versuch unternommen werden, allgemeingültigere Reibungsgesetze zu finden, insbesondere auch den Koeffizienten der Energiedissipation bei verschiedenen Materialien,

5. dem Studium der Bewegungsbahnen.

Während eine Reihe von Daten noch ausgewertet werden muß, lassen andere schon interessante Schlußfolgerungen zu.

Durchführung der Großversuche

Um einerseits ein genügend großes Felsvolumen absprengen zu können und andererseits die Möglichkeit zu haben, die hangabwärts gerichtete Bewegung der Schuttmasse in Filmaufnahmen festzuhalten, wurde der Bereich des Bergsturzes aus dem Jahre 1969 für die geplanten Rutschversuche ausgewählt.

Auf dem Schutthang wurden entlang der zu erwartenden Laufbahn Meßlatten aufgestellt. Seitwärts der Laufbahn wurden sechs Filmkameras mit fixiertem Aufnahmefeld plaziert. Zur Aufnahme der seitlichen Bewegungen von fliegenden oder stürzenden Felskörpern wurde eine weitere Kamera zentral am Hangende angebracht.

Der Aufnahmebeginn wurde mit der Sprengung gekoppelt, alle 7 Kameras nahmen 48 Bilder pro Sekunde auf.

Beobachtung mit Hilfe von Filmaufnahmen

Mit Hilfe *der am Hangende installierten Kamera* 7 wurde das gesamte Bergsturzgebiet aufgenommen und ein Gesamteindruck der auftretenden Phänomene gewonnen.

Nach der Sprengung beginnt der eigentliche Hangbewegungsvorgang mit dem Herauslösen einiger monolithischer Felsmassen sowie einer gewissen Menge aus kleinstückigerem Gebirgsschutt. Dieses Material führt einen freien Fall von 210 m durch. Die im Film registrierte Fallzeit von 6,6 sec stimmt gut mit der theoretischen Fallzeit überein.

Die Aufschlaggeschwindigkeit der Gesamtmasse beträgt 64 m/sec bzw. 230 km/h.

Der nach dem Aufschlag aufgewirbelte Staub behindert die Beobachtung der ersten Bewegungsphasen, was jedoch die Ermittlung der Bewegungsparameter nicht grundsätzlich verhindert. Aus der Staubwolke treten sowohl fliegende wie rollende Einzelteile der Bergsturzmasse aus, wobei einige Abweichungen von der Fallinie festgestellt werden können. Ein Teil der größeren Felsmassen führt von Beginn an eine rollende Bewegung durch, während gleichzeitig ein durch Rückprall und sekundäres Zerplatzen verursachtes Springen von Blöcken bis zum Fuß des Hanges zu beobachten ist.

Die den Hangfuß erreichenden Felskörper haben ein Volumen zwischen 1 und 10 m³.

Die am *weitesten oben installierte Kamera 1* gestattet die Beobachtung der in der Aufschlagzone auftretenden Phänomene. Ihr Beobachtungsbereich erstreckt sich von etwa 30 bis zu 80 m Entfernung von der Felswand.

Hier treten vor allem Wurfphänomene sowie häufiges Zerplatzen von Blöcken auf. Auffallend ist, daß die Feinteile zu Beginn sehr flache Flugbahnen einnehmen und daß die volumetrisch größeren Felsblöcke hier bereits eine rollende Bewegung ausführen.

Weitere Details können wegen des aufgewirbelten Staubes besser von *Kamera 2,* die etwa 70 m von der Steilwand entfernt installiert ist, festgehalten werden. In ihrem Beobachtungsbereich beträgt die Hangneigung 36⁰. Der größte Teil der bewegten Masse besteht aus Feinteilchen und befindet sich in einer Flugphase. Die größeren Felsstücke führen weiterhin eine rollende Bewegung aus, häufig von Rückpralleffekten unterbrochen. Bei Felsstücken von 0,2 bis 0,5 m³ Größe werden hier Initialgeschwindigkeiten zwischen 15 und 30 m/sec, verbunden mit Wurfweiten von 20 bis 30 m und Wurfhöhen von 6 m, festgestellt.

Filmkamera 3 befindet sich etwa 125 m vom Wandfuß entfernt. Interessanterweise bewegen sich die Feinteilchen auch hier noch auf gestreckten Parabeln, und zwar mit maximalen Wurfweiten von 200 m und Wurfhöhen zwischen 20 und 25 m bis max. 30 m.

Felsblöcke, die größer als 1 m³ sind, bewegen sich rollend, wobei Rückprall noch relativ häufig zu beobachten ist. Beim Durchgang durch das Beobachtungsfeld von Kamera 3 konnte die Geschwindigkeit eines Felsblockes von 10 m³ Größe zu 16 bis 19 m/sec (57 bis 68 km/h) bestimmt werden.

Die nächste, *Kamera 4,* befindet sich etwa 170 m vom Wandfuß entfernt und damit ziemlich genau in der Mitte der beobachteten Bewegungsbahn. Hier beenden die Feinteile ihre Flugphase. Es ist dies auch genau die Stelle, an der die Feinteile der natürlichen Schuttlawinen zur Ruhe gekommen sind, obwohl letztere aus erheblich größeren Felsvolumina (mehr als 10 000 m³) bei derselben Fallhöhe entstanden sind.

Die größeren Felsblöcke führen dagegen ihre rollenden Bewegungen fort. Für einen Felsblock von 10 m³ Größe wurde im oberen Teil des Aufnahmebereiches von Kamera 4 eine Geschwindigkeit von 19,28 m/sec (69 km/h), am unteren Ende dagegen eine Geschwindigkeit von 20,4 m/sec (73,6 km/h) ermittelt. Es trat also eine Geschwindigkeitssteigerung ein, die einer Beschleunigung des Felsblockes von 0,5 m/sec entspricht. Diese Geschwindigkeitszunahme war bis zu 340 m Entfernung vom Aufschlagpunkt zu beobachten. Danach trat eine progressive Geschwindigkeitsabminderung bis zum plötzlichen Stehenbleiben am Hangfuß ein.

Der Bereich von 180 bis 260 m Entfernung vom Aufschlagspunkt wird von *Kamera 5* erfaßt. Hier beträgt die mittlere Neigung des Hanges nur noch etwa 30⁰, gegen Ende der Laufbahn hin nimmt sie sogar auf 25⁰ ab. Die

Felsblöcke von mehr als 0,5—1 m³ Größe führen eine stetige, rollende Bewegung aus, die nur noch von kleineren Rückprallern unterbrochen ist. Stößt die Schuttmasse gegen steifere, in diesem Bereich liegengebliebene Felsblöcke, tritt bisweilen sekundäres Zerplatzen auf. Ein Rückprall größerer Felsstücke wird auch durch Unebenheiten der Laufbahn ausgelöst. Im oberen Teil dieses Bereiches enden auch noch die Wurfbahnen einzelner Feinteile, die direkt aus der Aufplatzzone kommen.

Die Geschwindigkeit einzelner größerer Blöcke beträgt hier im Schnitt 20 m/sec, bis zum Ende des Aufnahmefeldes wächst sie bis auf 23,14 m/sec (83 km/h), was einer Beschleunigung von 0,85 m/sec entspricht. Die Flughöhe beträgt in diesem Bereich zwischen 2 und 6 m.

Einige Felsblöcke von 7 bis 8 m³ Größe rollen mit einer mittleren Geschwindigkeit von 14,4 m/sec (52 km/h), wobei sie noch mit 0,7 m/sec beschleunigt werden.

Der restliche Teil der Bewegungsbahn wird von *Kamera* 7 erfaßt. Die hier gemachten Beobachtungen stimmen mit den bereits dargestellten Ergebnissen überein.

Interpretation der Beobachtungen

Abb. 2 zeigt einen schematischen Längsschnitt durch die Bewegungsbahn. Aufgrund der im Film festgehaltenen Beobachtungen kann die Laufbahn in drei Hauptzonen unterschieden werden:

Die „*Aufschlagzone*" *(a)* reicht vom Wandfuß bis zu einer Entfernung von etwa 80 m. Der größte Teil des aufschlagenden Materials erreicht den Hangboden in einer Entfernung von 25 bis 30 m von der Felswand. Die Grenzen der Aufschlagzone hängen jedoch davon ab, ob der Fels durch eine künstliche Sprengung vom Berg gelöst wird oder ob sich der Bergsturz natürlich entwickelt.

Die Aufschlagzone ist gekennzeichnet durch Zerplatzen und andere Zerkleinerungsphänomene der herabfallenden Gesteinsblöcke, wobei bereits der größte Teil der Bewegungsenergie der Felsmasse verlorengeht. Für Felsblöcke von etwa 0,3 m³ Größe wurde aufgrund der gemessenen Geschwindigkeiten ein Energieverlust von 75 bis 85 % errechnet ($K = 1/4$ bis $1/7$).

Die Geschwindigkeiten der größeren Gesteinsblöcke lassen sogar noch auf größere Energieverluste schließen.

An die „Aufschlagzone" schließt sich der „*Bereich der Sprungbewegungen*" *(b)* an. Hier bewegen sich die kleineren Felsstücke auf gestreckten, häufig sehr weiten Wurfparabeln. Der Hauptteil der Schuttmasse bewegt sich parabelförmig bei einer Wurfhöhe von 10 bis 15 m; Einzelstücke erreichen auch 25 bis 30 m Wurfhöhe.

Wesentlich für in Zukunft zu ergreifende Sicherungsmaßnahmen ist die Tatsache, daß die Wurfparabel der Hauptschuttmasse eine Weite von 150 bis 200 m erreichen kann.

Die dritte Zone wird als „*Bereich stetiger, hauptsächlich rollender Bewegung*" *(c)* definiert. Hier bewegen sich auch die kleineren Blöcke rollend talwärts, nur unterbrochen von sekundären Sprüngen. Die Grenze zwischen der zweiten und der dritten Zone wird als *b/c-Grenze* bezeichnet.

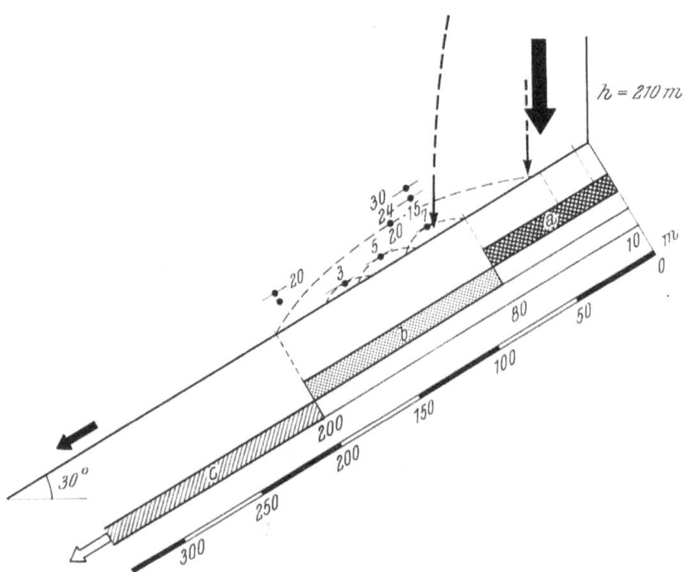

Abb. 2. Bereiche unterschiedlicher Bewegungsformen auf der Laufbahn der Bergsturzmasse
a) Aufschlagzone, b) Bereich springender Bewegung, c) Bereich stetiger, hauptsächlich rollender Bewegung

Areas of different forms of movement along the path of movement
a) rock hitting the ground, b) jumping rock, c) rolling rock

Zones de types de mouvement différents le long de la course de la masse rocheuse
a) zone d'impact de la roche, b) zone de mouvement sautant, c) zone de mouvement roulant et glissant

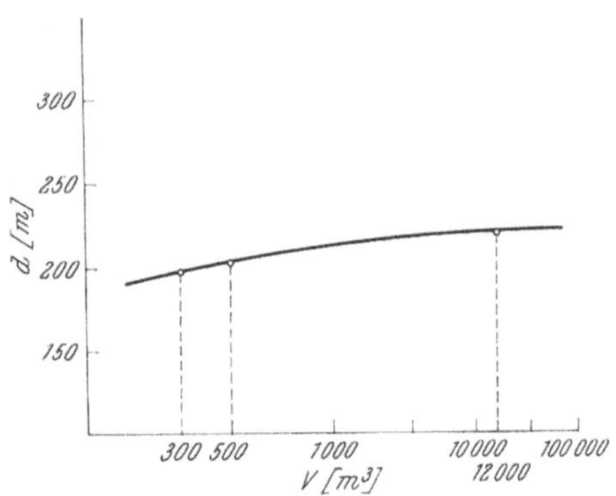

Abb. 3. Lage der b/c-Grenze (d) in Abhängigkeit vom Gesamtvolumen der Bergsturzmasse (V)

Position of *b/c* limit (d) over total volume of rock mass (V)

Position de la limite *b/c* (d) en fonction du volume total de la masse rocheuse (V)

Ein systematischer Vergleich der künstlich ausgelösten und der natürlichen Felsstürze zeigte, daß sich die Lage der b/c-Grenze auf der Laufbahn bei gegebenen geometrischen und geomechanischen Parametern nicht änderte, wenn das Volumen der Felsmasse in weiten Grenzen variiert wurde (Abb. 3).

Diese Feststellung kann als grundlegend für die Erklärung ebenso wie für die Extrapolation der beobachteten Phänomene gewertet werden.

Dagegen war die b/c-Grenze deutlich abhängig von der Größe der die Sturzmasse bildenden einzelnen Felsblöcke (Abb. 4). Je größer das Volumen

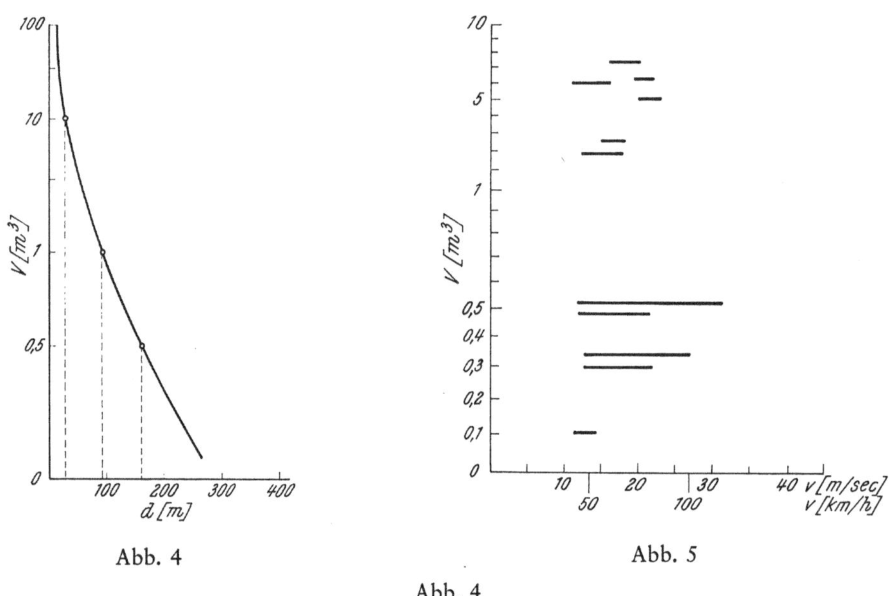

Abb. 4   Abb. 5

Abb. 4

Lage der *b/c*-Grenze (d) in Abhängigkeit von der Größe der unzerbrochenen Felskörper (V)

Position of *b/c* limit (d) over size of destroyed rock cubes (V)

Position de la limite b/c (d) en fonction du volume des blocs de roche (V)

Abb. 5. Beziehung zwischen Geschwindigkeit (v) und Größe (V) der Felskörper

Relation between velocity (v) and size (V) of rock cubes

Relation entre vitesse (v) et volume (V) des blocs de roche

der unzerbrochenen Blöcke nach dem Aufschlag noch ist, desto früher stellt sich die rollende Bewegung ein.

Auch die Geschwindigkeiten sind von der Blockgröße abhängig. (Abb. 5). Die größten Geschwindigkeiten sind den kleineren Blockgrößen zuzuschreiben, sie treten im mittleren Hangbereich auf. Dahingegen erreichen die größeren Blöcke höchstens Geschwindigkeiten von 15 bis 20 m/sec.

Auch die Wurfhöhen der Flugbahnen der Blöcke nehmen proportional mit abnehmender Blockgröße zu. Die Wurfhöhe von Blockgrößen ist relativ klein (Abb. 6).

Dasselbe gilt auch für die Wurfweiten, deren Werte mit abnehmenden Blockvolumina deutlich größer werden und ein Maximum bei den kleineren Blockgrößen einnehmen (Abb. 7).

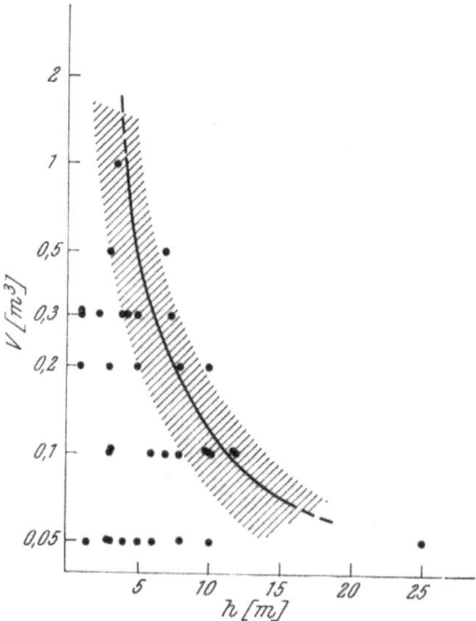

Abb. 6. Beziehung zwischen Wurfhöhe (h) und Felskörpergröße (V)
Relation between hight of flight (h) and size of rock cubes (V)
Relation entre hauteur de vol (h) et volume (V) des blocs de roche

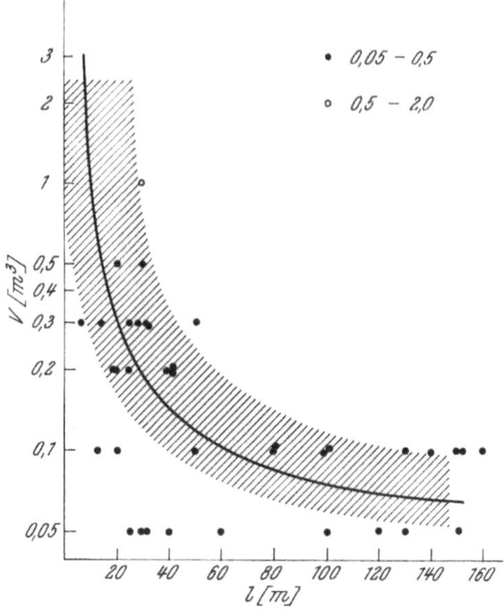

Abb. 7. Beziehung zwischen Wurfweite (l) und Felskörpergröße (V)
Relation between length of flight (l) and size of rock cubes (V)
Relation entre longueur de vol (l) et volume (V) des blocs de roches

Abb. 8 zeigt deutlich, daß die sekundären Zerplatzungen von Blöcken überwiegend während der ersten 100 m der Laufbahn auftreten.

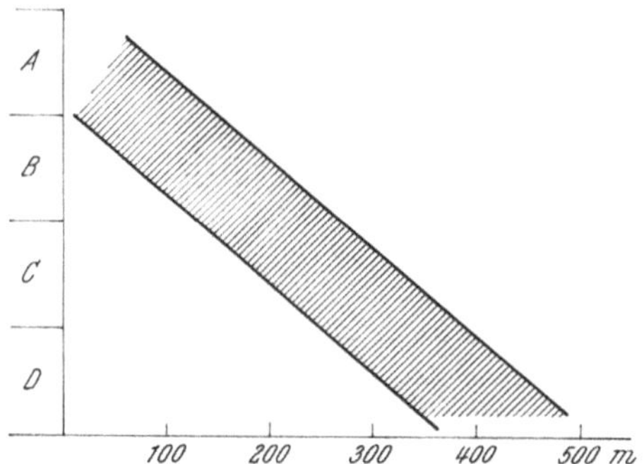

Abb. 8. Häufigkeit sekundärer Zerplatzungsphänomene entlang der Laufbahn der Berg-
sturzmasse
A vorwiegend, B häufig, C wenig, D spärlich
Frequency of secondary rock-break-up phenomena along the path of the rock mass
A predominant, B frequent, C little, D scarse
Fréquence des phénomènes secondaires d'éclatement le long de la course de la masse rocheuse
A prédominant, B fréquent, C rare, D très rare

Schlußfolgerungen

Zusammenfassend kann festgestellt werden, daß das dynamische Verhalten der Schuttlawinen nichts anderes darstellt als die Summe des Verhaltens der einzelnen Blockgrößenfraktionen.

Es erscheint deshalb wesentlich, eine Differenzierung der Blockgrößen vorzunehmen und sie in Zusammenhang mit den geometrischen sowie geologischen Parametern des untersuchten Hanges, wie Fallhöhe und Bahnlänge bzw. Lithologie und Struktur des Bergmassives, zu bringen. Erst mit Hilfe einer solchen Korrelation erscheint es möglich, sinnvolle Sicherungsmaßnahmen zu projektieren.

Das Studium der geologischen Verhältnisse ist hierbei von grundlegender Bedeutung.

Die Resultate der durchgeführten in-situ-Großversuche gestatten es, die Modelle im Labor zu „eichen". Damit sind dann auch von den Laborversuchen wirklichkeitsnähere Ergebnisse zu erwarten.

Anschrift des Verfassers: Dr. Luciano Broilli, Via San Francesco, Tricesimo, Italien.

Rock Mechanics, Suppl. 3, 79—88 (1974)
© by Springer-Verlag 1974

Zur Sicherung großer Tunnelvoreinschnitte

Von

Franz Pacher

Mit 11 Abbildungen

Zusammenfassung — Summary — Résumé

Zur Sicherung großer Tunnelvoreinschnitte. Bei großen Voreinschnitten kommt es in der Portalzone häufig zu Schwierigkeiten, da sich in diesem Bereich Folgeerscheinungen des Tunnelbaues auf die ohnedies verminderte Hangstabilität ungünstig auswirken.

An Hand von Beispielen werden die Ursachen aufgezeigt und Regeln aufgestellt, wie solche Fehlschläge weitgehend verhindert werden können. Unter den Ursachen stehen

— Beeinträchtigung der Hangstabilität durch zu großzügigen Abtrag in Lokkerboden und Fels,

— Nichtbeachtung von Störungen und Großklüften im Fels,

— fehlende Vorsicherung und mangelhafte Verfüllung durch den Tunnelvortrieb geschaffener Hohlräume, bzw. unzureichende Verfestigung der aufgelockerten Zonen an erster Stelle.

Schließlich werden verschiedene technische Möglichkeiten bei Durchführung des Tunnelanschlages unter schwierigen Bedingungen besprochen.

Protection of great open cut excavations for tunnel portals. In great open cuts we frequently face difficulties in the portal zone because in this area the influence of tunnel driving adversely affects the already impaired stability of the slope.

Examples are given to demonstrate causes of such difficulties and rules are stated for the prevention of failure.

The main reasons of instability are:

— impairing of the slope stability by too large scaled cuts in soils or rock,

— failure to comply with faults and main joints in rock,

— missing protection and inadequate filling of caverns caused by tunnel driving as well as insufficient consolidation of loosened zones.

Finally different possibilities for the start of a tunnel heading under difficult conditions are discussed.

Sur la stabilisation des grandes tranchées d'accès devant les tunnels. Souvent on a beaucoup de difficultés dans les grandes tranchées d'accès devant les tunnels parcequ'on trouve dans cette région en conséquence d'avancement du tunnel des phénomènes, qui influent défavorablement sur la stabilité des talus de tranchée.

Les causes de cettes difficultées sont illustrées par quelques exemples et des règles sont données pour éviter ces manques (p. e.):

— Diminution de la stabilité des talus dans un terrain rocheux ou dans les sols par des tranchées trop grandes.

— Négligence de failles ou crevasses dans le roc. Omission d'une stabilisation des talus pendant les étappes diverses de terrassement. Manquement à un remplage des vides crées par l'avancement du tunnel.

— Omission d'une stabilisation des zones remuées du terrain.

Enfin quelques possibilités techniques sont discutées pour la construction de l'entrée du tunnel à conditions difficiles.

In den Portalbereichen, den Nahtstellen von offenen Straßen- und Tunnelbauten, kommt es immer wieder zu Mißerfolgen; dies meist unerwarteterweise und mit Folgen, die sowohl für den Auftraggeber als auch für den Auftragnehmer recht unangenehm sein können. Der anlaufende Tunnelbau wird unter Umständen nicht nur stark verzögert, sondern auch maßgeblich verteuert.

Die vorliegende Arbeit will deshalb auf die Schwierigkeiten hinweisen, die sich aus der Überlagerung der Probleme aus dem Böschen des Voreinschnittes mit jenen des Tunnelbaues ergeben und gerade dadurch zu unliebsamen Überraschungen in den Zwischenbaustadien führen.

Nicht immer besteht die Möglichkeit eines günstigen Anschlagpunktes im Fels; sehr oft nehmen die Voreinschnitte riesige Ausmaße an, notgedrungen werden sie steil geböscht. Man schafft also Situationen, in welchen bereits kleine Fehler große Auswirkungen haben können.

Bei der Suche nach den Verursachern der auftretenden Schwierigkeiten stößt man in erster Linie auf die potentiellen Kräfte aus dem Gewicht (einschließlich Druck- und Nebenwirkungen des Bergwassers), welche sich im Hangschub sowohl an der Seite als auch an der Stirnfront äußern, ferner auf die Kräfte, die durch die Öffnung des Hohlraumes im Bergleib geweckt werden. Im Zusammenwirken kommt es einerseits zu Verdrückungen oder starken Bewegungen an jenen Teilen der Tunnelröhre, die sich bereits im Bau befindet, andererseits aber auch zu Bewegungen im Hang, wenn nicht zu Verstürzen.

Das Verhalten der durch den Eingriff gestörten Gebirgsmasse wird im wesentlichen durch folgende Faktoren bestimmt:

— die *Geländeverhältnisse* im allgemeinsten Sinne, wobei die Neigung der natürlichen und künstlichen Böschungen von Bedeutung ist;

— den *Anlaufwinkel der Trasse,* d. h. ob diese normal, schräg oder sehr schleifend in den Hang einschneidet;

— den *Gebirgsaufbau* bzw. die unterschiedlichen felsmechanischen Eigenschaften des anstehenden Materials, wie Lockerböden und Felsarten.

An weiteren Gesichtspunkten sind bei der *Erstellung des Entwurfes* zu berücksichtigen:

— die Gestaltung des Landschaftsbildes;

— die Errichtung eventueller Schutzbauten gegen Lawinen oder Steinschlag;

— insbesondere die Kosten. In der Vorabschätzung errechnet sich meist der Aushub groß angelegter Voreinschnitte und die Errichtung der Tunnelröhren in offener Bauweise billiger als der bergmännische Vortrieb. In Wirklichkeit ist aber die Grenze der Wirtschaftlichkeit oft schon viel früher gegeben. Dieses unrealistische, den Regeln der Felsmechanik widersprechende Denken führt auch — wie Beispiele beweisen — zu den Zehnermeter tiefen, übersteilen Einschnitten, welche nicht auf Dauer standfest sind bzw. ständig unter Steinfall leiden.

Ferner sind von der *Ausführungsseite* her von Einfluß:

— die Erfahrung der ausführenden Firmen,

— die an der Baustelle eingesetzten Baugeräte und

— die Zeit, in welcher die vorgesehene Arbeit bewältigt werden muß, ferner auch

— die Jahreszeit!

Bei der Untersuchung *der Standsicherheit* — der Böschungen wie der Tunnelröhre —, die nicht nur für den Endausbau sondern auch für sämtliche

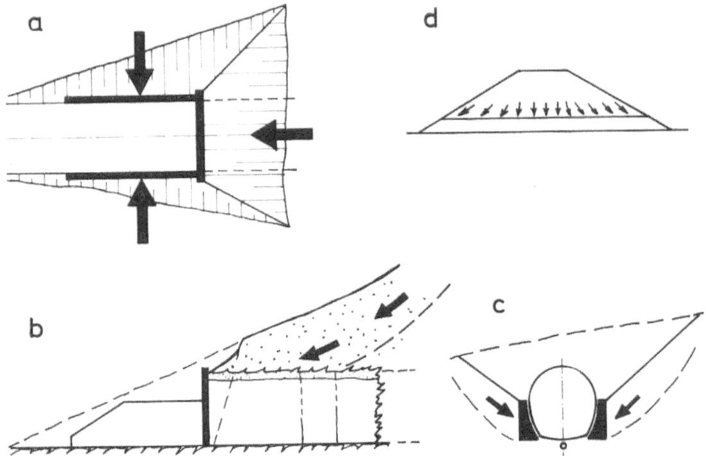

Abb. 1. Portalzone mit rechtwinkeligem Anschnitt in Lockerboden

a) Grundriß; b) Längsschnitt; c) Querschnitt; d) Gewölbewirkung im Dammfuß (zum Vergl.)

Portal-zone with rectangular cut in soil

a) Plan; b) longitudinal section; d) arch action in the basis of the dam (as comparison)

Tranchée d'accès rectangulaire dans un sol remué devant l'entrée d'un tunnel

a) Section horizontale; b) section longitudinale; c) section transversale; d) effet de voûte dans le pied d'un remblai (par comparaison)

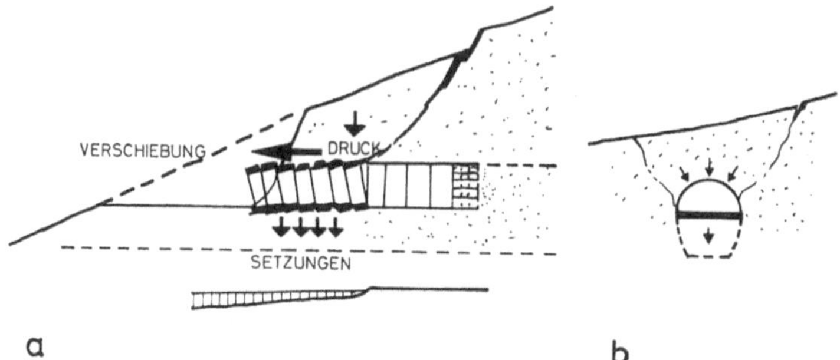

Abb. 2. Folgen einer Hangsetzung auf die Tunnelröhren
a) Längsschnitt; b) Querschnitt

Consequences of a slope settlement for the tunnel
a) Longitudinal section; b) transverse section

Conséquences d'un tassement des talus de la tranchée sur le tunnel
a) Section longitudinale; b) section transversale

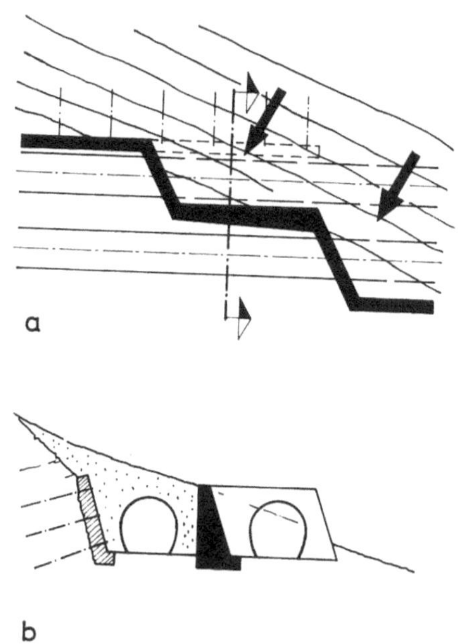

Abb. 3. Portalzone mit schrägem Anlauf in Lockerboden
a) Grundriß; b) Querschnitt

Portal zone in soil with diagonal direction to the terrain
a) Plan; b) transverse section

Tranchée d'accès diagonale dans un sol devant l'entrée d'un tunnel
a) Section horizontale; b) section transversale

Zwischenbaustadien zu führen ist, muß nicht nur der Hangschub von der Seite sondern auch jener in Längsrichtung des zu durchörternden Gebirges beachtet werden. Dazu kommen im Bereich der Eingangsstrecke die schädlichen Auswirkungen der Auflockerung und Entfestigung der Firstzone durch den Tunnelvortrieb.

Der bei der Öffnung erzeugte Hohlraum (sei es ein nicht verfüllter Spalt hinter dem Schild, sei es eine starke Auflockerung durch mangelhafte oder zu späte Sicherung der Kalotte) bringt die bereits an der Sicherheitsgrenze stehende Böschung in Bewegung, wodurch es zu einer plötzlichen Belastung der Tunnelröhre kommt und überdies ein verstärkter Horizontalschub auf

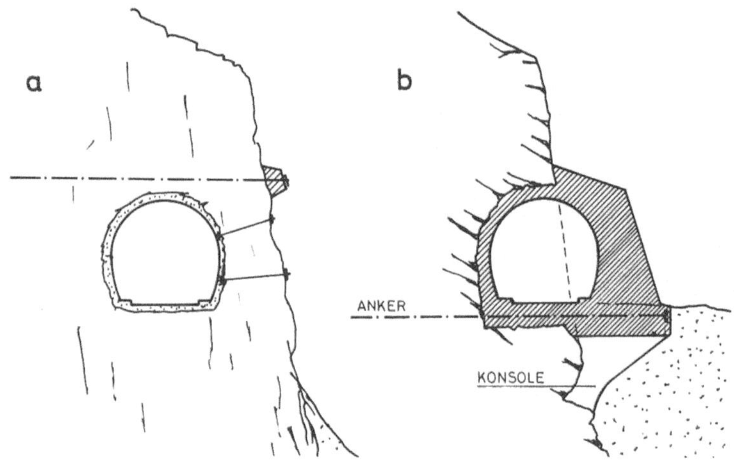

Abb. 4. Sicherung der Portalzone im Fels

a) Ankerung wegen zu geringer Stärke der Felswand; b) Portal-Aufstand auf verankerter Konsole

Stabilization of the rock mass in the portal zone
a) Rock bolting due to insufficient thickness of the rock wall; b) support of the portal structure by a bolted cantilever

Stabilisation de la tranchée d'accès dans un roc
a) Ancrage à cause d'une épaisseur mince de la paroi de rocher; b) fondation de l'entrée du tunnel sur une console d'ancrage

den Gewölberücken auftritt. Die Folgen sind eine Einsenkung und eine Verschiebung der nicht entsprechend bemessenen Ringe oder Halbringe, wenn nicht gar ein totaler Verbruch. Das hängt vom Widerstandsvermögen des Ausbaues gegenüber einer derartigen Beanspruchung ab.

Bei schrägem Anlauf erhöhen sich die Schwierigkeiten. Der Hangschub kommt von der Seite, der Pfeiler wird geschwächt, die Bauarbeiten der zweiten Röhre stören die bereits fertiggestellten Bauwerke, usw. Im besonderen Falle sind zusätzliche, oft voreilend angebrachte Sicherungen erforderlich. Unglücksfälle zeigen, daß u. U. auch verborgene Ablösungen an der Oberfläche zu beachten sind. Auch das nachträgliche Graben oder Aussprengen seitlich angeordneter Drainageleitungen kommt als Ursache in Frage, wenn die böschungsparallelen Felsschichten unterschnitten werden.

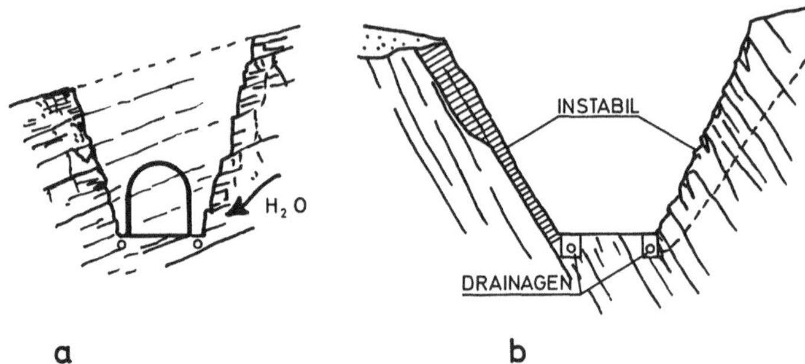

Abb. 5. a) Übersteile Böschungen; b) Falsch gesetzte Drainagen
a) Steep slope; b) wrongly placed drainages
a) Parois très escarpés; b) drainages placés incorrectement

Das Beispiel der Abb. 6 zeigt, daß der hier vorgenommene tiefe Einschnitt für den Ein- und Auslauf des Umleitungsstollens wegen struktureller Besonderheiten des sonst guten Gebirges falsch war. Als Folge der Anschnitt-

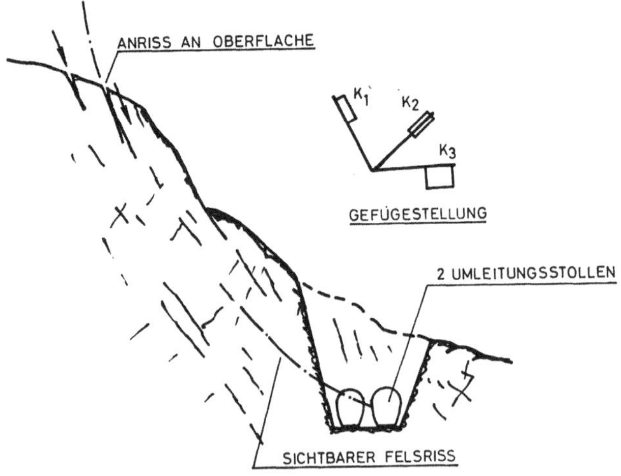

Abb. 6. Böschungsriß als Folge von Bauarbeiten bei ungünstiger Gefügestellung
Fissure in the slope due to excavation in unfavourably jointed rock
Crevasse de pente comme conséquence de travaux dans les zones dévaforablement structurées

und Tunnelarbeiten bildete sich — unter Benützung vorhandener Kluftflächen — eine Gleitfläche aus, die die Wand zwischen den Röhren durchschnitt und bis an die Felsoberfläche reichte.

Schließlich sei noch die Verschüttung eines Tunnelportales angeführt, welche einen langen Aufenthalt und umfangreiche Sicherungsarbeiten zur Folge hatte. In der Eingangsstrecke wurde ein labiler Felshang angeschnitten,

in welchem sich schon früher oberflächennahe Rutschungen ereignet haben
müssen, wie die hoch hinaufreichenden Sackungserscheinungen anzeigten. Der
Tiefgang der Rutschung war von außen her nicht feststellbar. Da wertvolle

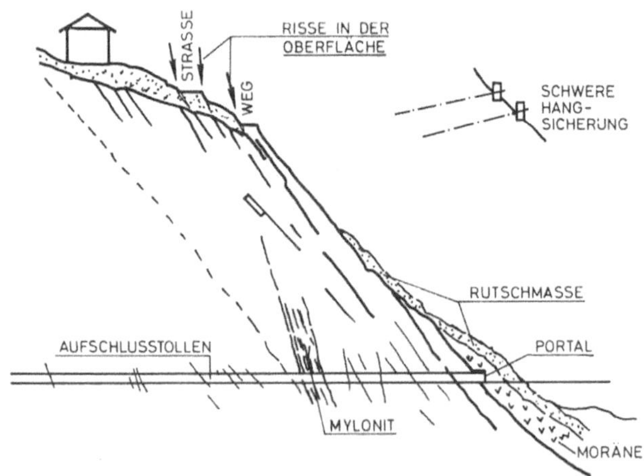

Abb. 7. Abrutschen gleitgefährdeter Hangteile im Portalbereich
Slide of unstable slope portions in the portal zone
Glissement des parties instables de la tranchée

Objekte gefährdet waren, entschloß man sich zu einer großzügigen Verankerung des darüberliegenden Geländes, bevor die verschüttete Tunnelröhre —
in vorsichtigster Weise — wieder aufgemacht wurde.

Folgerungen

Im allgemeinen sollten folgende *Grundsätze* beachtet werden:

— Die topographischen Verhältnisse sind optimal auszunützen;
— im Aushub soll nicht mehr aufgemacht werden als unbedingt notwendig ist;
— stützende Flanken und Pfeiler, welche Hilfsgewölbe bilden können,
sind erhalten und ebenso schrittweise zu sichern wie z. B. die Leibung im Tunnel;
— man trachte keine Hohlräume zu erzeugen oder stehenzulassen, da
sonst Auflockerungen und damit Entfestigungen eintreten;
— wenn notwendig, sind Vorverfestigungen durch Injektionen zu ver-
anlassen;
— durchgehende Klüfte, Störungen und offene Fugen sind zu beachten;
— Teile der Konstruktion (Portalbauwerke, aber auch die Tunnelröhre)
sollen zur Lastübernahme herangezogen werden;
— man bemühe sich um eine funktionsgerechte Ausbildung der Portalbauwerke, welche eine Stützfunktion ausüben.

An technischen Möglichkeiten stehen zu Gebote:

a) Im Lockerboden:

— Abräumen bis zum Fels (Risiko: Felssicherung unbekannten Ausmaßes);

— Ermäßigung der Böschungsneigung, wenn möglich Stehenlassen von
Pfeilern, die den Schub zwischenzeitlich aufnehmen können;

— Sicherung der Böschungen durch Spritzbeton und Ankerung;

— Vorsetzen einer verankerten Plattenwand;

— Vorsetzen eines gewichtsmäßig bedeutenden Teil des Portalbau-
werkes;

— Herstellen einer Pfahlwand oder Schlitzwand *vor* Inangriffnahme
der Arbeiten am Voreinschnitt und Tunnel (Abb. 8);

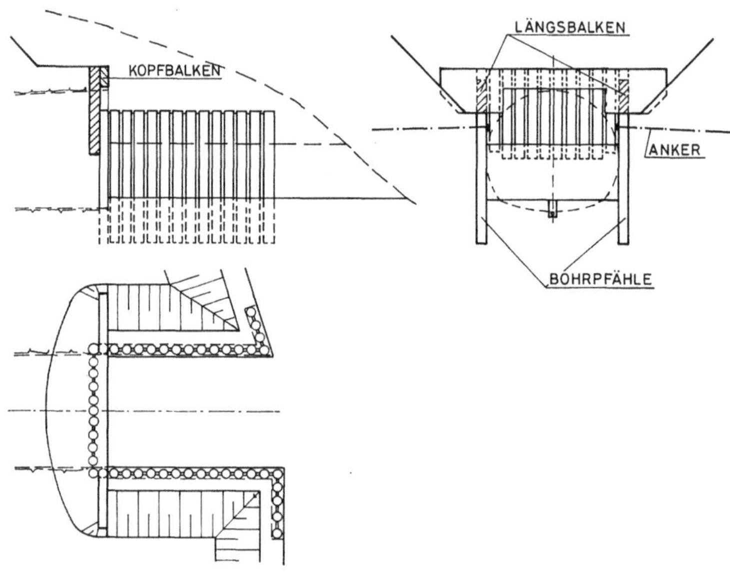

Abb. 8. Anordnung einer Pfahlwand zur Voreinschnittsicherung
Design of a pile cutoff as stabilization for the portal cut
Arrangement d'un écran d'étanchement en pieux

— Vorverfestigung durch Injektionen;

— Verankerung von außen;

— Heranziehen der Tunnelröhre zum Mittragen (z. B. durch Einziehen
einer Längsbewehrung usw.);

— rechtzeitiges Verfüllen der Hohlräume und Ankerung des Gebirgs-
— tragringes; u. a. m.

b) In schlechtem Fels:

— wie vor; ferner

— Ankerung, im speziellen Falle Ankern der Stirnwand (Abb. 9 b);

— etappenweises Ausweiten der Röhre (Abb. 9 a);

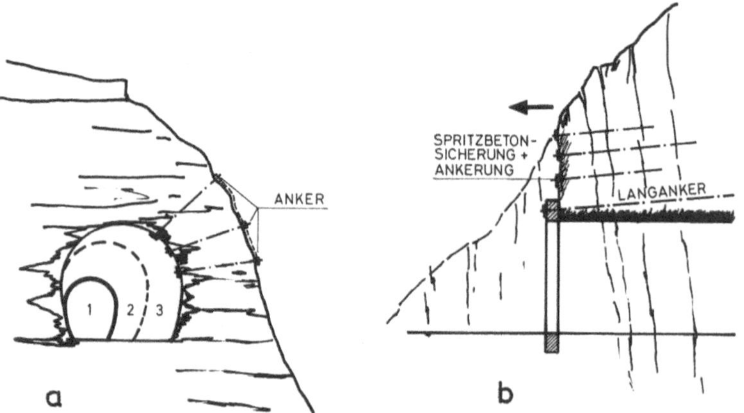

Abb. 9. a) Seitliche Aufweitung der Röhre; b) Ankerung des Portalringes
a) Lateral enlargement of the tunnel; b) bolting of the portal ring
a) Agrandissement latéral d'un tunnel; b) Ancrage d'entrée d'accès

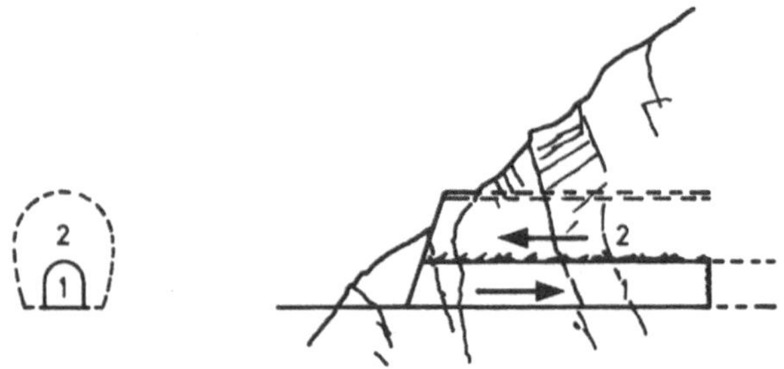

Abb. 10. Aufweitung der Röhre von rückwärts
Enlargement of the tunnel from inside
Agrandissement du tunnel d'en arrière

— Ausbruch im kleinen Querschnitt und Ausweiten von innen nach außen (Abb. 10);

— Kombination aus vorgenannten Maßnahmen bei sehr großen Querschnitten (Abb. 11);

— Ausbauen der Röhren in richtiger Reihenfolge, so daß die Gesamtsicherheit am wenigsten beeinträchtigt und die fertiggestellte Röhre nicht in Mitleidenschaft gezogen wird.

c) In gesundem Fels sind zu empfehlen:

— Sicherung und Ankerung derjenigen Teile über den Portalen, die durch die Sprengerschütterungen gelockert werden können;

— vorsichtiges Vorgehen, z. B. durch Verminderung der Abschlaglängen, der Lademengen und durch Verstärkung der Sicherungsmaßnahmen, u. a. m.

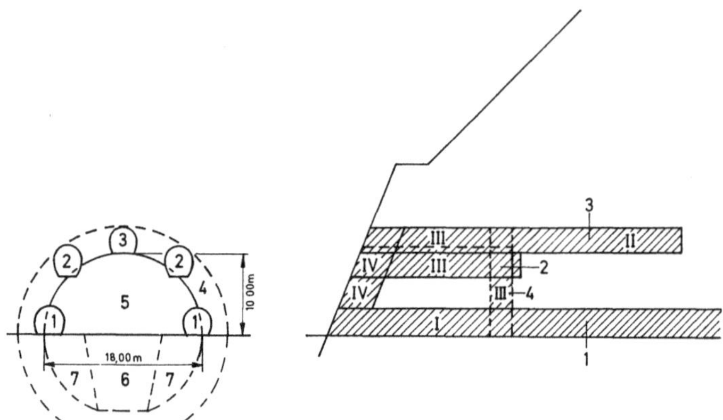

Abb. 11. Arbeitsvorgänge bei großem Querschnitt
1—4: Reihenfolge des Ausbruches der Hilfsstollen und Ringe; I—IV: Reihenfolge der Betonierung; 5—7: Ausbruch des Tunnels mit Sicherung der Zwischenstadien

Working stages in large sections
1—4: Sequence of excavation works for the auxiliary tunnels and arches; I—IV: Sequence of concreting; 5—7: Tunnel excavation with stabilization of the intermediate stages

Déroulement des travaux en cas d'une grande section
1—4: Séquence d'exploitation des galeries auxiliaires et des parties de la circonférence; I—IV: séquence du bétonnage; 5—7: exploitation de la section avec la stabilisation des phases intermédiaires

Die vorliegende Analyse konnte einige Fehlerquellen aufzeigen, deren Wiederholung vermieden werden könnte. Trotzdem darf die Vorsicht nicht außer Acht gelassen werden, denn der Berg verbirgt nur zu gerne seine Eigenheiten solange, bis man auf sie stößt.

Anschrift des Verfassers: Dipl.-Ing. Franz P a c h e r, Ingenieurbüro für Geologie und Bauwesen, Franz-Josef-Straße 3, A-5020 Salzburg, Österreich.

Rock Mechanics, Suppl. 3, 89—96 (1974)
© by Springer-Verlag 1974

Abschätzung der Seitendruckziffer λ und deren Einfluß auf den Tunnel

Von

M. Baudendistel

Mit 7 Abbildungen

Zusammenfassung — Summary — Résumé

Abschätzung der Seitendruckziffer λ und deren Einfluß auf den Tunnel. Beobachtungen beim Tunnelvortrieb im Orange-Fish-Tunnel, Südafrika, wiesen darauf hin, daß im Gebirge wahrscheinlich hohe Seitenspannungen ($\lambda > 1$) herrschen.

Aufgrund einer Hypothese wurden mögliche Seitendruckverhältnisse, in Abhängigkeit von der Tunneltiefe, rechnerisch ermittelt.

In-situ-Messungen von Primärspannungen zeigen eine gute Übereinstimmung mit der rechnerischen Abschätzung.

Anhand der Bemessung der Betonauskleidung des Tunnels wird der bedeutende Einfluß von λ auf ein Untertagebauwerk aufgezeigt.

Evaluation of the Ratio of Lateral Pressure λ and Its Influence on the Tunnel. Observations during excavation of the Orange-Fish-Tunnel, South Africa, indicated that there probably high horizontal stresses ($\lambda > 1$) exist in the rockmass.

With the help of a hypothesis possible ratios of lateral pressure were calculated dependent on the depth of tunnel.

In situ measurements showed a very good conformity to the analytical evaluation.

The significant influence of λ for underground constructions is pointed out by the dimensioning of the tunnel lining.

Evaluation du coefficient de pression latérale λ et son influence sur le tunnel. Les observations faites pendant de l'excavation du tunnel Orange-Fish, en Afrique du Sud, ont montré que des fortes contraintes latérales ($\lambda > 1$) se développaient dans la roche.

Sur la base d'une hypothèse plusieurs coefficients possibles de pression latérale ont eté recherchés, en fonction de la profondeur du tunnel.

Des mesures effectuées in situ sur les contraintes primaires ont laissés apparaître une bonne corrélation avec l'évaluation analytique.

L'influence prépondérante de λ dans les travaux souterrains est ressortie pour le calcul du revêtement en béton du tunnel.

1. Einleitung

Die folgenden Ausführungen behandeln die Abschätzung der Seitendruck-ziffer λ für den Orange-Fish-Tunnel in Südafrika.

Der Tunnel soll eine Wassermenge von 50 m³/sec vom Verwoerd-Stausee des Orange-River in das Gebiet des großen Fish-River bringen, um dieses zu bewässern.

Die Gesamtlänge des Tunnels beträgt etwa 85 km, der Ausbruchsdurch-messer 6 m.

Der Orange-Fish-Tunnel durchörtert eine im geologischen Sinne ruhige Landschaft. Er liegt im Karroo-Becken, welches von Sedimenten, vorwiegend Sandsteinen, Schluffsteinen und Steinmergeln gefüllt ist.

Die Ablagerungen sind durch einen häufigen Wechsel dieser Gesteins-arten sowohl in horizontaler wie in vertikaler Erstreckung gekennzeichnet und werden von Dolerit-Intrusionen durchadert.

Der Tunnel wird von mehreren Orten zugleich vorgetrieben. Vom Ein-laßbauwerk aus, von sieben Zugangsschächten und vom Auslaßbauwerk aus. Es war vorgesehen, den Tunnel mit einem raschen Vortrieb aufzufahren. Über weite Strecken (etwa 85 %) des Tunnels war eine geringfügige, provi-sorische Sicherung durch Anker sowie eine endgültige Betonauskleidung von etwa 23 cm Dicke vorgesehen (diese für die ganze Tunnellänge).

Beim Tunnelvortrieb sind jedoch unerwartete Schwierigkeiten aufgetre-ten, und auch in der betonierten endgültigen Auskleidung stellten sich Risse ein, die nicht erwartet worden waren.

2. Abschätzung der Seitendruckziffer aus der Geologischen Vorgeschichte

Vom Kenntnisstand des Untertagebaues zum Zeitpunkt der Projektierung des Orange-Fish-Tunnel ausgehend ist zu sagen, daß in etwa mit λ-Werten im Bereich von 0,25 bis 1,2 zu rechnen war.

Mit λ wird das Seitendruckverhältnis der Primärspannungen des Gebirges verstanden, wobei dieses Verhältnis nicht nur von der elastischen Querdeh-nungszahl μ herstammt, sondern ebenso durch Spannungen aus früherer Überlagerung oder tektonischen Ursprungs bestimmt werden kann.

Geht man mit dem damals absehbaren λ-Bereich in ein Diagramm (Abb. 1, nach [1]), welches, abhängig von der vorhandenen Tunnelüber-lagerung H (aufgetragen an der Ordinate), erforderliche Mindestgebirgs-festigkeiten angibt (aufgetragen an der Abszisse), wenn der Tunnel ohne Sicherung standfest sein soll, so ist zu sehen, daß selbst Gesteinsfestigkeiten von 420 und 1080 kp/cm² (wobei es sich um im Labor bestimmte Werte handelt), welche durch die Faktoren 3 und 5 zu Gebirgsfestigkeiten reduziert wurden (gestrichelte, senkrechte Linien), bei 100 m Überlagerung, die für etwa 2/3 der Tunnellänge im Durchschnitt nicht überschritten werden, noch ausreichen müßten, um den geplanten Tunnel theoretisch sogar *ohne* Siche-rung auszuführen.

I entspricht hierbei einem Steinmergel, *II* Sandstein.

Dieses Ergebnis, die Art der Verbrüche sowie Deformationsmessungen im Tunnel deuteten darauf hin, daß die Schwierigkeiten nicht durch eine noch weit geringere Gebirgsfestigkeit hervorgerufen wurden, sondern daß im vor-

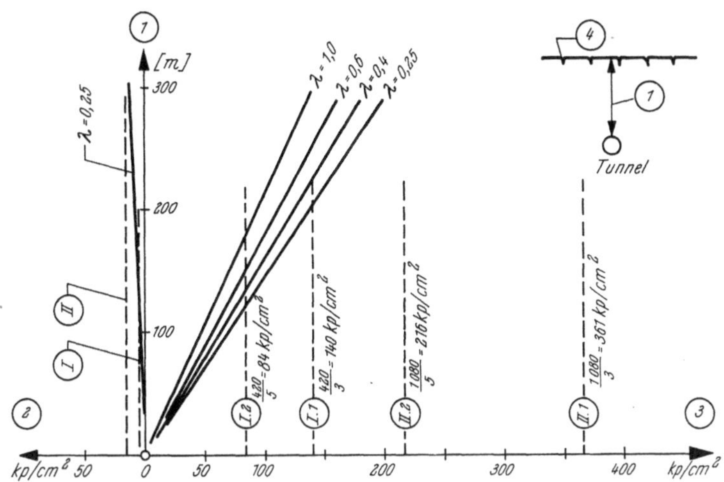

Abb. 1. Erforderliche Gebirgsfestigkeiten (einachsial) als Funktion von λ, wenn der Tunnel ohne Sicherung standfest sein soll (nach [1])

1 Überlagerung H; 2 Erforderliche Gebirgsfestigkeit, σ-zug; 3 Erforderliche Gebirgsfestigkeit, σ-druck; 4 Oberfläche

Required rockmass strength (uniaxial) as a function of λ if no support is considered (according to [1])

1 Overburden H; 2 required rockmass strength, σ-tensile; 3 required rockmass strength, σ-compression; 4 surface

Résistance nécessaire de la roche comme fonction de λ pour le tunnel sans consolidation (selon [1])

1 Recouvrement H; 2 résistance nécessaire de la roche, σ-traction; 3 résistance nécessaire de la roche, σ-compression; 4 surface

liegenden Fall wahrscheinlich mit ungünstigen Seitendruckziffern λ $(\lambda > 1)$ gerechnet werden muß.

Ursache für $\lambda > 1,0$ kann eine frühere, inzwischen aber wieder erodierte größere Überlagerung H' oder aber auch eine aktive tektonische Beanspruchung sein.

Betrachtet wird im folgenden der Einfluß einer früheren, inzwischen aber wieder erodierten Überlagerung H', wobei H' auf die jetzige Oberfläche bezogen ist.

Die Annahme einer ursprünglichen Überlagerung H', welche inzwischen erodiert ist, muß aus der Geologie der unmittelbaren und weiteren Umgebung abgeleitet werden. Hiernach kann angenommen werden, daß über größere Bereiche des Tunnels eine frühere — wobei in geologischen Zeiträumen gedacht werden muß — Überlagerung H' von etwa 500 m zur jetzigen Oberfläche sicher vorhanden war.

Verhielt sich ein Gebirge beim Konsolidierungsprozeß rein elastisch, so ergäbe sich die horizontale Spannung σ_H in Abhängigkeit von der Poissonziffer μ (Abb. 2). Unabhängig davon, welcher Überlagerung H' bzw. $H' + H$

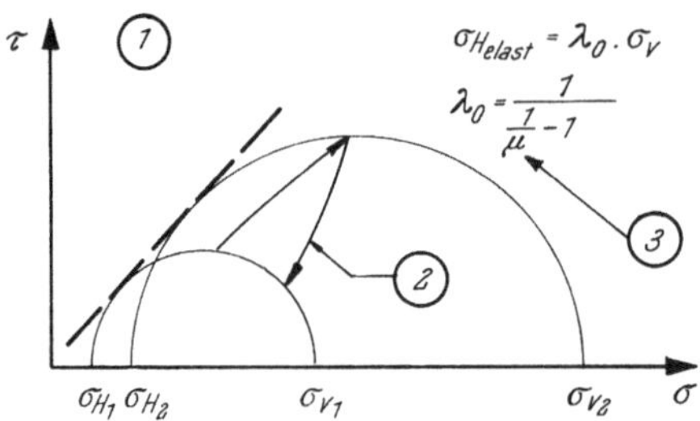

Abb. 2. *1* Konstantes λ_0 bei Reduzierung des Spannungszustandes im elastischen Fall; *2* ≙ Reduzierung der Überlagerung H'; *3* Poisson-Ziffer

1 Constant λ_0 if the state of stress is reduced according to a reduced overburden H'; *2* ≙ overburden H' reduced; *3* Poisson ratio

1 Valeur constante de λ_0 malgré réduction de l'état de contraintes en cas élastique; *2* ≙ réduction du recouvrement H'; *3* Coefficient de Poisson

ein beliebiger Punkt ausgesetzt ist, würde sich immer das gleiche Seitendruckverhältnis λ_0 einstellen. Ein ursprünglicher Spannungszustand würde sich wieder einstellen, auch wenn für längere Zeit ein Spannungszustand σ_{H_2}, σ_{V_2} geherrscht haben mag (≙ größerer Überlagerung H').

Bereits Heim (siehe Jaeger [2]) hat darauf hingewiesen, daß vielen Gebirgen in mittleren und großen Tiefen eine Poissonziffer μ von durchschnittlich 0,25 eingeprägt ist, was ein λ_0 von 0,33 ergibt, daß den Gebirgen

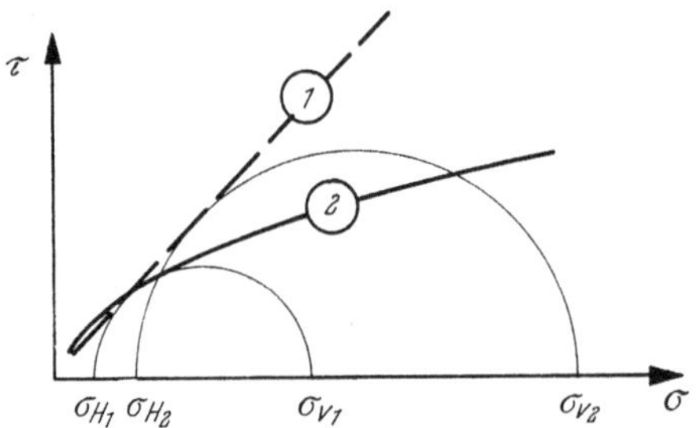

Abb. 3. *1* Elastisches Verhalten; *2* tatsächliches Gebirgsverhalten

1 Elastic behaviour; *2* actual behaviour of rockmass

1 Comportement élastique; *2* comportement actuel de la roche

selbst aber ein nahezu hydrostatischer Spannungszustand, was einem $\lambda \rightarrow 1$ gleichkommt, eingeprägt sei (sogenanntes Heimsches Paradoxon).

Tatsächlich verhält sich ein Gebirge beim Konsolidierungsprozeß nicht elastisch. Die Grenzbedingungen für Materialbruch wird etwa 2 in Abb. 3 entsprechen.

Denkt man sich nun für diesen Fall eine Überlagerung, die zum Spannungszustand σ_{H_2}, σ_{V_2} geführt hat, so wird der gedachte Spannungszustand des elastischen Falles nicht mehr möglich sein, da er dem Material-

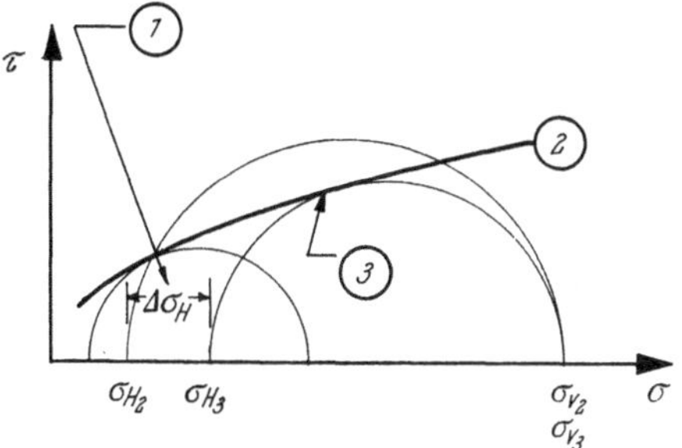

Abb. 4. *1* Irreversibler Zuwachs horizontaler Spannungen bei Anwachsen von *H'*; *2* Tatsächliches Gebirgsverhalten; *3* Spannungszustand muß mit Festigkeitskriterium des Gebirges verträglich sein

1 Increase of horizontal stresses which are irreversible (in consequence of increase of *H'*); *2* actual behaviour of rockmass; *3* state of stress has to be compatible with rockmass strength

1 Croissance irréversible des contraintes horizontales lors de l'augmentation de *H'*; *2* comportement actuel de la roche; *3* l'état de contraintes doit être compatible avec la tenue de la roche

verhalten des Gebirges 2 nicht gerecht wird (Abb. 4). Es muß sich ein Spannungszustand σ_{H_3}, σ_{V_3} einstellen, der dem Materialkriterium genügt, *was durch Bildung von Brüchen geschieht und einem Anwachsen von λ gleichkommt.*

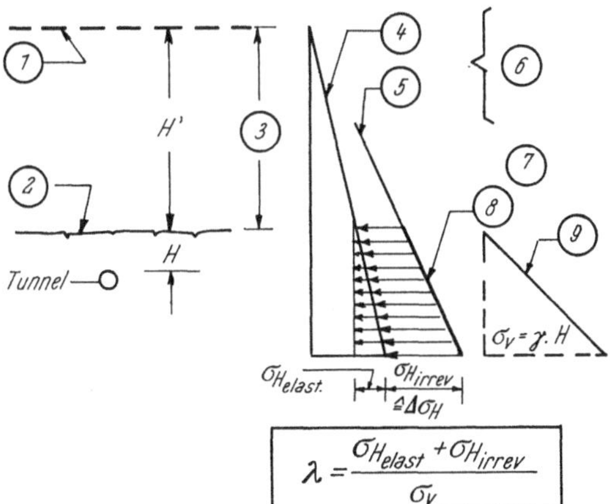

Abb. 5. *1* Frühere Oberfläche; *2* jetzige Oberfläche; *3* erodiertes Gebirge; *4* elastischer -; *5* plastischer -; *6* Anteil horizontaler Belastung; *7* nach Erosion verbleibende Belastung: *8* horizontal; *9* vertikal

1 Former surface; *2* actual surface; *3* rockmass eroded; *4* elastic -; *5* plastic -; *6* part of horizontal load; *7* load after erosion: *8* horizontal; *9* vertical

1 Surface primitive; *2* surface actuelle; *3* roche érodée; *4* élastique -; *5* plastique -; *6* part de la charge horizontale; *7* charge restante après de l'érosion: *8* horizontal; *9* vertical

Reduziert sich nun infolge Erosion die Überlagerung H', welche zum Spannungszustand σ_{H_3}, σ_{V_3} geführt hat, so baut sich die angewachsene Horizontalspannung $\Delta \sigma_H = \sigma_{H_3} - \sigma_{H_2}$ (Abb. 4) nicht ab und beeinflußt das tatsächliche Seitendruckverhältnis λ, besonders zur freien Oberfläche hin, wesentlich.

Aus Abb. 5 ist zu ersehen, welche horizontale Belastung ($\Delta \sigma_H = \sigma_{HIRREV}$), verursacht durch eine frühere und nun erodierte Überlagerung H', im Gebirge verbleiben kann. Von geologischer Seite wird zwar in der Regel bezweifelt, daß sich solche Horizontalspannungen über geologisch lange Zeiträume erhalten können, doch zeigen die jüngsten Erfahrungen und Messungen, daß diese Möglichkeit grundsätzlich besteht.

Mit den Eingangswerten $\mu = 0{,}15$, $\lambda' = 0{,}4$ und $H' = 500$ m wurden mögliche Seitendruckverhältnisse λ in Abhängigkeit von der tatsächlichen Überlagerung H ermittelt.

$\lambda' = 0{,}4$ bedeutet hierbei, daß dem betrachteten Gebirge im Zustand der früheren Überlagerung H' diese Seitendruckziffer λ' eingeprägt war, wobei ein elastischer Anteil aus $\mu = 0{,}15$, was ein λ_0 von 0,176 ergibt, enthalten ist.

Infolge Erosion der früheren Überlagerung H' entfällt die vertikale Komponente $\gamma \cdot H'$, in der Waagrechten kommt es jedoch zu einer Speicherung der horizontalen Spannung $\Delta \sigma_H$, so daß sich das angenommene λ' von 0,4 wesentlich verändern und vornehmlich *zur jetzigen Oberfläche hin beträchtlich vergrößern wird*.

Die Annahme von $\lambda' = 0{,}4$ kann aufgrund heutiger Erfahrung als nicht unbedingt auf der sicheren Seite liegend bezeichnet werden. Aus diesem Grunde wurden auch theoretisch mögliche λ gerechnet, denen ein ursprüngliches λ' von 1,0 zugrunde liegt (bei $H' = 500$ m).

Da auch noch größere, frühere Überlagerungen H' denkbar sind, wurde für $\lambda' = 0{,}4$ ein Fall $H' = 1000$ m gerechnet.

Die aufgrund der zuvor beschriebenen Eingangsparameter gewonnenen Ergebnisse sind in Abb. 6 dargestellt. Es wird deutlich, daß ein mögliches λ (aufgetragen an der Abszisse) wesentlich von einem ursprünglichen λ' (vergleiche die Kurven A und C, von einer ursprünglichen Überlagerung H' (vergleiche die Kurven A und B) sowie von der Lage zur jetzigen, tatsächlichen Oberfläche H abhängt (aufgetragen an der Ordinate).

Da in Oberflächennähe mit einem verwitterten Bereich zu rechnen ist, welcher eine Speicherung horizontaler Spannungen nicht in gleichem Ausmaß wie in größerer Tiefe erlaubt, werden die theoretisch asymptotisch verlaufenden Kurven in Oberflächennähe umgelenkt (dargestellt bei Kurve A).

Betrachtet man die Kurve A, so wird deutlich, daß für Überlagerungen von 35—100 m, welche über größere Strecken im Einlaß- und Auslaßbereich des Tunnels vorherrschen, theoretisch Seitendruckziffern von $\lambda = 3{,}5$ bis $\lambda = 1{,}5$ möglich sind.

Die Kurven B und C liefern noch beträchtlich höhere λ-Werte.

Vergleicht man unabhängig von der Rechnung nachträglich gemessene Seitendruckverhältnisse (dargestellt durch Punkte) mit den rechnerisch ermittelten Werten der Kurve A, so ist eine erstaunlich gute Übereinstimmung zwischen Rechnung und Messung feststellbar. Bei den Meßwerten handelt es sich um Durchschnittswerte, wobei Messungen, welche außerhalb eines abschätzbaren, vernünftig erscheinenden Bereiches liegen, eliminiert wurden. Das trifft auch zu für die Messungen bei ausgesprochen geringer Überlagerung ($H < 30$ m, Outlet) da hier die Aussagekraft der Messungen nachläßt

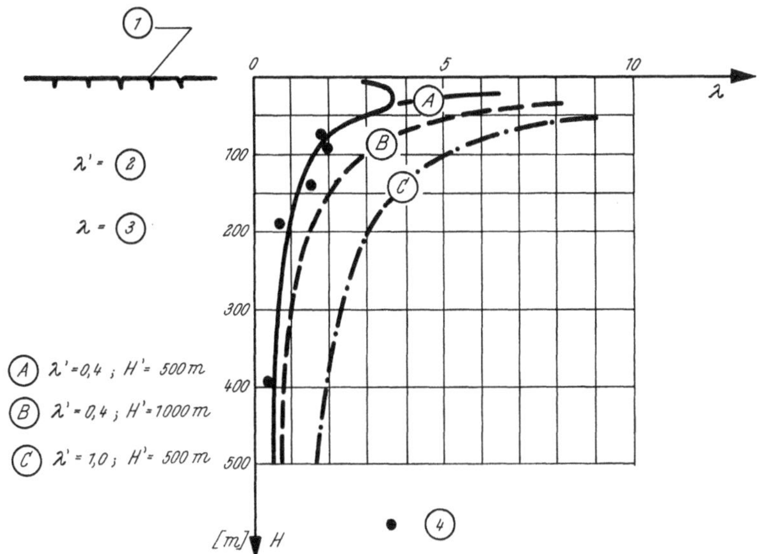

Abb. 6. Mögliche λ-Werte der Primärspannungen

1 Jetzige Oberfläche; 2 ein dem Gebirge bei früherer Überlagerung H' eingeprägter λ-Wert; 3 infolge Erodierung der früheren Überlagerung H' neu entstandener λ-Wert; 4 gemessene λ-Werte

Possible λ-values of the primary stresses

1 Actual surface; 2 value of λ before overburden H' was eroded; 3 new value of λ due to erosion of the overburden H'; 4 measured λ-values

Valeurs possibles de λ pour les contraintes primaires

1 Surface actuelle; 2 valeur de λ avant d'érosion du recouvrement H'; 3 nouvelle valeur de λ suite à l'érosion du recouvrement H'; 4 valeur de λ mesurée

und ferner die Verwitterung bzw. Auflockerung des oberflächennahen Bereiches ebenfalls eine Rolle zu spielen scheint.

Die Messungen der Primärspannungen wurden von der C. S. I. R., Pretoria-Südafrika durchgeführt.

3. Einfluß von λ auf die Dimensionierung des Tunnels

Anhand der Abb. 7 wird deutlich, welch bedeutenden Einfluß die Seitendruckziffer λ auf die Dimensionierung einer Tunnelauskleidung hat.

An der Abszisse sind erforderliche Auskleidungsdicken d angegeben, die sich je nach der Überlagerung H (aufgetragen an der Ordinate) und der Seitendruckziffer λ ergeben. Das in Abb. 7 dargestellte, aufbereitete Ergebnis wurde mittels der Methode der finiten Elemente erzielt, wobei der Ansatz von M a l i n a [3] angewendet wurde.

Im Falle von z. B. $H = 100$ m Überlagerung wären bei $\lambda = 0{,}60$ etwa 10 cm Betonauskleidung erforderlich, bei $\lambda = 1{,}5$ etwa 17 cm, bei $\lambda = 2{,}0$ etwa 32 cm, und bei $\lambda = 3{,}0$ schließlich zeigt sich, daß eine Betonauskleidung alleine

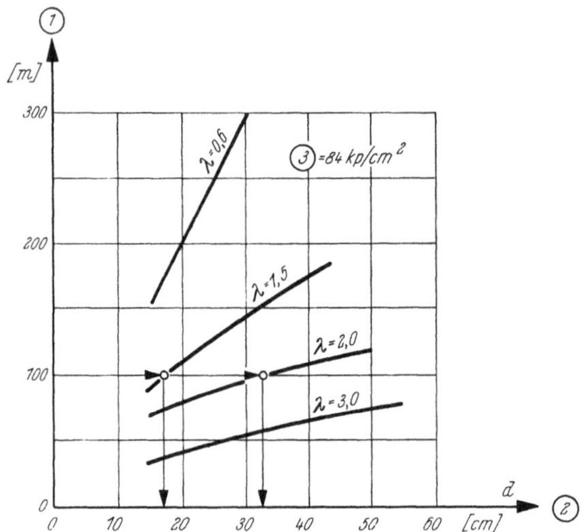

Abb. 7. *1* Überlagerung H; *2* erforderliche Dicke der Betonauskleidung; *3* σ Gebirge

1 Overburden H; *2* required thickness of concrete lining; *3* σ rockmass

1 Recouvrement H; *2* épaisseur nécessaire du revêtement en béton; *3* σ roche

nicht mehr in der Lage ist, das Gebirge bei der angenommenen Überlagerung wirtschaftlich sicher zu stützen.

Es mag bei der Betrachtung der Abb. 7, bei der sich für relativ geringe λ-Unterschiede beträchtliche Unterschiede in der erforderlichen Dicke der Auskleidung ergeben, paradox klingen, wenn man fordert, der Bestimmung der Primärspannungen im Gebirge durch Messungen noch mehr Aufmerksamkeit zu schenken.

Gerade weil aber bekannt ist, wie schwierig es bis heute noch ist, Primärspannungen einigermaßen verläßlich zu bestimmen und Abgrenzungen anzugeben, die innerhalb der in Abb. 7 aufgezeigten erforderlichen Größenordnung liegen, sind Aktivitäten in dieser Richtung unerläßlich.

Literatur

[1] B a u d e n d i s t e l, M.: Wechselwirkung von Tunnelauskleidung und Gebirge. Dissertation, Universität Karlsruhe, 1971.

[2] J a e g e r, Ch.: Diskussionsbeitrag, Lissabon 1966.

[3] M a l i n a, H.: Berechnung von Spannungsumlagerungen in Fels und Boden mit Hilfe der Finite-Element-Methode. Dissertation, Universität Karlsruhe, 1969.

Anschrift des Verfassers: Dr.-Ing. Manfred B a u d e n d i s t e l, Tulpenstraße 20, D-7501 Bruchhausen, Bundesrepublik Deutschland.

Rock Mechanics, Suppl. 3, 97—102 (1974)

Berücksichtigung viskoelastischen und viskoplastischen Verhaltens des Gebirges und des Ausbaubetons bei der Berechnung von Tunnelbauproblemen

Kurzfassung[*]

Von

Klaus Müller

Zusammenfassung — Summary

Berücksichtigung viskoelastischen und viskoplastischen Verhaltens des Gebirges und des Ausbaubetons bei der Berechnung von Tunnelbauproblemen. Es war nicht Ziel dieser Arbeit, ein „allumfassendes" rheologisches Stoffgesetz für das Gebirge vorzuschlagen, um dann möglichst „genaue" Beanspruchungsgrößen des Hohlraumausbaus und des Gebirges zu berechnen. Es wurden vielmehr mit Hilfe der Finite-Element-Methode einige praktische Beispiele aus dem Tunnelbau berechnet, um dem in der Praxis tätigen Ingenieur zu zeigen, welchen Einfluß ein weicher Ausbau (kriechende Spritzbetonschale), Felsankerung und der Zeitpunkt des Tunnelmanteleinbaus auf die Endbeanspruchung der Ausbaukonstruktion hat. Die Ergebnisse bestätigen die Erfahrungen der Praxis und die daraus mehr intuitiv gezogenen Folgerungen für das zweckmäßige Ausbruchverfahren. Mit dem entwickelten Rechenprogramm ist es gelungen, die rheologischen Spannungsumlagerungen usw. zum ersten Mal auch numerisch zu verfolgen.

Consideration of the Viscous-Elastic and Visco-Plastic Behaviour of Rock and Constructional Concrete in the Calculations Related to Problems in Tunnel Construction. It was not the aim of this treatise to recommend an "all-embracing" rheological material law for the rock, with the purpose of then calculating stresses in the tunnel lining and the rock mass as "exact" as possible. On the contrary, by the aid of the finite element method calculations of some practical examples of tunnel construction have been carried out. The purpose was to show the practical engineer what influence a viscous lining (shell of creeping shotcrete), rock anchorage and the time of installation of the tunnel lining would have on the final stress in the lining. The results confirm observations made in practice as well as the conclusions with regard to advisable building methods taken from practical experiences more intuitively. With the developed calculation program the rheological stresses and displacements etc. could for the first time be expressed numerically.

---

[*] Eine vollständige Fassung dieses Vortrages ist in dem Bericht Nr. 72-4 des Instituts für Statik der TU Braunschweig unter dem Titel „Zeitabhängige Spannungsumlagerungen beim Felshohlraumbau" erschienen.

Einleitung

Einige Gebirgsarten, wie z. B. Tone, Mergel und Schiefertone, zeigen schon bei relativ geringen Belastungen von der Zeit abhängige Deformationen. Konvergenzmessungen in Hohlräumen, die im druckhaften Gebirge aufgefahren werden, zeigen oft von der Zeit abhängige Bewegungen, die als Firstsetzungen, Ulmenverschiebungen und Sohlhebungen nach dem Ausbruch in Erscheinung treten. Durch Spannungsumlagerungen im Gebirge, die von den viskosen Stoffeigenschaften des Gebirgskörpers abhängen, wird der Fels gegen den Hohlraum gedrängt und übt dabei einen Druck (Quetschdruck, echten Gebirgsdruck) auf die Tunnelwandung aus. Bei der richtigen Wahl der Ausbaukonstruktion und bei schonender Auffahrmethode klingen diese Bewegungen nach einem längeren Zeitraum völlig ab. In dem statischen System von Ausbau und Gebirge hat sich ein neuer Gleichgewichtszustand eingestellt.

Das Ziel der vorliegenden Arbeit war es, die Spannungen in der Ausbaukonstruktion und im umgebenden Fels in den einzelnen Bauphasen und im Endzustand zu berechnen, wenn ein Hohlraum in einem druckhaften Gebirge aufgefahren wird und wenn sich Gebirge und Auskleidung (Beton) zeitabhängig verhalten. Um dieses Problem zu lösen, wurden in einem ersten Schritt die Laborergebnisse von Kriechversuchen an Gesteinsproben durch moderne Forschungsergebnisse der Plastomechanik interpretiert, um danach mit Hilfe der Finite-Element-Methode einige praktische Beispiele aus dem Tunnelbau zu berechnen.

Rheologische Stoffgesetze für Gesteine

Werden Gesteinsproben, z. B. in Triaxialversuchen, bestimmten Spannungszuständen ausgesetzt, so beobachtet man bei zeitabhängigen Deformationsmessungen drei charakteristische Kriechstadien. Die *primäre Kriechphase* ist zu Beginn durch eine verhältnismäßig große Dehnungsgeschwindigkeit gekennzeichnet, die jedoch logarithmisch mit der Zeit abnimmt. Ist der wirkende Spannungszustand genügend klein, so strebt die Verformungsgeschwindigkeit asymptotisch gegen Null. Die *sekundäre Kriechphase* setzt ein, wenn mit einer höheren Belastung ein kritischer Spannungszustand überschritten wird. In diesem Stadium läuft die Verformung mit konstanter Geschwindigkeit weiter. In der *tertiären Kriechphase* tritt bei konstantem Spannungszustand ein beschleunigtes Fließen auf, das schließlich zum Bruch führt. Im folgenden wird für den Fels nur der primäre und sekundäre Kriechbereich betrachtet, da über die tertiäre Phase, die bei einer kritischen Dehnung einsetzt, kaum Versuchsergebnisse vorliegen.

Die mathematische Formulierung der primären Kriechphase wird durch das Stoffgesetz des Kelvin-Körpers beschrieben. Dieser eindimensionale Modellkörper wird durch die Parallelschaltung eines Hooke-Körpers (Feder) und eines Newton-Körpers (Dämpfer) gebildet.

Um den sekundären Kriechbereich allgemein zu beschreiben, muß, wie vorher erläutert wurde, eine Fließbedingung formuliert werden, die den Beginn dieser Phase bestimmt, und ein Fließgesetz, das die Beziehung zwischen Spannung und Dehnungsgeschwindigkeit enthält. Dieses Stoffverhalten wird mit dem Deformationsverhalten eines Bingham-Körpers beschrieben, der durch die Parallelschaltung eines Newton- und eines St.-Venant-Körpers (Reibklotz) gebildet wird. Das Stoffgesetz des klassischen Bingham-Körpers wird dahingehend erweitert, daß eine nichtlineare Beziehung zwischen Dehngeschwindigkeit und jeweiligem Spannungszustand berücksichtigt wird. Als Fließgesetz wird die Mohr-Coulombsche Bruchhypothese eingesetzt.

Rheologisches Stoffgesetz für Beton

Das zeitabhängige Deformationsverhalten des Ausbaubetons wird ebenfalls durch das Stoffgesetz des Kelvin-Körpers beschrieben. Neuere Untersuchungen zeigen, daß sich der Kriechvorgang des Betons mit Hilfe dieses rheologischen Modells für mit der Zeit veränderliche Belastungszustände genauer beschreiben läßt, als mit der von Dischinger ermittelten Gleichung. Der Schwindvorgang wird affin zum Kriechen angenommen.

Statistisches Modell von Gebirge und Ausbau

Um mit den vorher beschriebenen Stoffgesetzen die Spannungsumlagerungen in dem Gebirgskörper und dem Ausbaubeton berechnen zu können, muß ein statisches Modell gewählt werden, das es erlaubt, diese nichtlinearen Stoffgesetze zu berücksichtigen. Dazu wurden folgende Annahmen gemacht: der dreidimensionale Gebirgskörper wird durch eine herausgeschnittene Scheibe ersetzt, die senkrecht zur Tunnelachse steht. Das dreidimensionale Problem wird auf diese Weise auf ein ebenes Verformungsproblem zurückgeführt, das mit Hilfe der Finite-Element-Methode gelöst wird.

Der Hohlraumausbau wird als biegesteifes Stabwerkpolygon berechnet, das mit der Scheibe (Finite Elemente) fest gekoppelt ist. Die Felsanker werden ebenfalls durch Stabelemente beschrieben. Der Lastfall Vorspannung wird berechnet, indem den Ankerstäben eine negative Anfangsdehnung erteilt wird. Die kontinuumsmechanischen Eigenschaften des Gebirgskörpers werden in erster Näherung als isotrop und homogen vorausgesetzt.

Die Berechnung der zeitabhängigen Spannungsumlagerungen erfolgt nach der „initial strain method".

Ergebnisse

Die Rechenergebnisse zeigen, daß bei Verwendung eines weichen Ausbaus (Spritzbetonschale mit Kriechverformung) das Gebirge einen größeren Anteil der umzulagernden Spannungen erhält, und daß der Ausbau an dem Umlagerungsprozeß (Abbau der Spannungsspitze im Ulmenbereich) weniger beteiligt wird. Diese Ergebnisse werden durch In-situ-Beobachtungen bestätigt. Weiterhin ergibt sich aus einigen Rechenbeispielen, daß der Enfluß des elastischen Entspannungsprozesses im Gebirge nur einen geringen Einfluß auf die Endbeanspruchung der Ausbaukonstruktion hat. Entscheidend ist vielmehr, daß durch den Einbau eines geschlossenen Tunnelringes Radialspannungen in dem Gebirge geweckt werden, die den Spannungszustand stabilisieren. Diese Stabilisierung kann durch die Verwendung vorgespannter Felsanker unterstützt werden.

Introduction

Some kinds of rocks as i. e. shale, marl and shaly schists show already at relatively small loads deformations, which depend on time, measurements of displacements in cavities, which are excavated in viscous rocks show often motions dependent on the time, which occur as displacements of the tunnel construction after the excavation. By stress changes in the rock, which depend on the viscous behaviour of the rock material, the rock is pressed against the cavity, and on this occasion it exerts a pressure (real rock pressure) on the tunnel wall. By choosing appropriate methods of construction and support and the use of careful excavation methods these motions die away entirely after a longer space of time. In the static system of construction and rock a new state of balance has established itself.

It is the aim of this study to calculate the stresses in the tunnel lining and the surrounding rock during individual phases of construction and in the final state, when a cavity is excavated in viscous rock and when rock and installed concrete lining behave time-dependent. To solve this problem, laboratory results of creep tests on rock specimens were interpreted by modern research results of the theory of plasticity in a first step. These results were used to carry out calculations of some practical examples of tunnel constructions by means of a finite element method.

Rheological material laws for rocks

If rock specimens are exposed to certain stress conditions, for example (triaxial test), one observes three characteristic stages of creep with the progress of time. The primary creep-phase is in the beginning characterized by a relatively large rate of strain, which decreases however logarithmically with time. If the acting stress is sufficiently small, the deformation rate tends asymptotically towards zero. The secondary creep-phase begins, when with a higher load a critical state of stress is transgressed. In this stage the deformation continues at a constant rate. In the tertiary creep-phase with a constant state of stress an accelerated flow is setting in, which finally leads to rupture.

In the following only the primary and the secondary creep is considered, since for the tertiary phase, which begins at a critical strain, only scarce test results exist.

The mathematical formulation of the primary creep-phase is described by the material law of the Kelvin body. This one-dimensional model body is formed by a Hooke-body (spring) and a Newton-body (dashpot) acting parallel to each other.

For the general description of the secondary creep-phase, as explained before, a flow condition has been formulated, which determines the beginning of this phase, and a flow law, which expresses the relation between stress and rate of strain. This stress strain relation is described by the behaviour of deformation of a Bingham body, which is formed by the parallel action of a Newton and a St. Venant body (sliding block). The material law of the classic Bingham body is enlarged to the effect that a non-linear relation between the rate of strain and the respective stress stage is considered. As flow law the rupture hypothesis of Mohr-Coulomb was employed.

Rheological material law for concrete

The time-dependent behaviour of the constructional concrete is also described by the material law of the Kelvin body. Recent tests show that the creep behaviour of the concrete can be described more exactly by the aid of this rheological model for time-dependent stress stages than with the equation established by Dischinger! Shrinkage is supposed to be analogous to a creep process.

Static model of rock and construction

To be able to calculate with the previously described material laws the stress and deformations in the rock body and the constructional concrete, a static model was chosen, which did allow to take these non-linear material laws into consideration. To do this, the following suppositions had to be made: the three-dimensional rock body is replaced by a cut out disc, which stands perpendicularly to the tunnel axis. The three-dimensional problem is in this manner reduced to a plane strain problem, which is solved by the aid of the finite element method.

The lining is regarded as a stiff bar polygon, which is coupled firmly with the disc (finite elements). The rock bolts are also described by bar elements. Prestressing is simulated by giving the bolt bars a negative initial strain. The mechanic qualities of the rock body as a continuum are in a first approximation assumed, to be isotropic and homogeneous.

The calculation of the stresses and displacements in their time dependance is performed by the "initial strain method".

Results

The results of the calculations show that, by employing a viscous lining (shell of shotcrete with creep behaviour) the rock mass carries a greater portion of the stresses and that the displacements affecting the lining are lower (reduction of stress peaks in the side wall area). These results are confirmed by observations in situ. Furthermore results from calculation examples indicate that the elastic release process in the rock has only small influence on the final load acting on the lining. Decisive is, however, that by installing a closed tunnel ring radial stresses are caused in the rock mass, which stabilize the state of stress. This stabilization can be enhanced by the employment of prestressed rock bolts.

Anschrift des Verfassers: Dr.-Ing. Klaus Müller, Hunaeusstraße 1, D-3000 Hannover, Bundesrepublik Deutschland.

Rock Mechanics, Suppl. 3, 103—112 (1974)
© by Springer-Verlag 1974

Modellversuche zur Bestimmung räumlicher Verformungsvorgänge beim oberflächennahen Tunnelbau

Von

G. Lögters

Mit 8 Abbildungen

Zusammenfassung — Summary — Résumé

Modellversuche zur Bestimmung räumlicher Verformungsvorgänge beim oberflächennahen Tunnelbau. Am Institut für Bodenmechanik und Felsmechanik der Universität Karlsruhe wurde eine erste Serie von dreidimensionalen Tunnel- Modellversuchen im Maßstab 1 : 100 durchgeführt. Dabei wurde durchsichtige Gelatine als Modellmaterial verwendet. Der kubische Gelatinekörper hatte die Abmessungen von 53 × 40 × 42 cm und wurde in einem Behälter aus Plexiglas vorbereitet und belassen.

Der Vortrieb der Tunnelröhre erfolgte in Abschnitten von 1 cm. Der kreisrunde Querschnitt hatte einen Durchmesser von 6 cm; die Überlagerung betrug 12 cm, die gesamte Vortriebslänge 25 cm.

Zum Ausbruch wurde ein mechanisches Abbaugerät verwendet, das in der Lage war, kleinste Bruchteile des Querschnittes gezielt und schonend herauszuschälen.

In einigen Versuchen folgte dem Vortrieb eine relativ weiche Plexiglasröhre als Auskleidung.

Als Meßmarken im Innern der Gelatine dienten dünne Linien aus Zeichentusche. Sie wurden mit Hilfe von Fäden in der erhärteten Gelatine gezogen. Die Fäden wurden in die Gelatine eingebracht, solange diese noch flüssig war.

Beliebig viele unterschiedliche Verformungszustände konnten im Laufe des Vortriebes photographisch mit Hilfe von zwei Plattenkameras festgehalten werden.

Models Tests to Determine the Three-Dimensional Deformations Caused by Near Surface Tunneling. A Series of three-dimensional tunneling model tests (scale 1 : 100) was carried out at the *Soil Mechanics and Rock Mechanics Institute of Karlsruhe University.* Transparent gelatin was prepared and tested in a 53 by 40 by 42 cm plexiglas box under constant temperature conditions. The circular tunnel section of 6 cm diameter was excavated mechanically in sections of 1 cm to a total length of 25 cm.

In some tests a thin cellophane tube was used as a lining.

To obtain markers for deformation measurements thin lines of black ink were drawn inside the gelatin body by means of threads that were tensioned inside the test box while the gelatin was still in a fluid state. The threads were pulled out while one end was run through black ink thus leaving an ink line inside the gelatin body.

All important states of deformation were recorded photographically by means of two cameras.

Expériences sur maquette afin de déterminer les déformations tri-dimensionelles auprès des tunnels près de la surface. Une première série d'expériences sur maquette tri-dimensionelle à l'échelle 1/100 a été réalisée à l'Institut de mécanique des sols et des roches à l'Université de Karlsruhe. De la gelatine transparente était utilisée comme matériau expérimental. Un cube de gelatine aux dimensions $53 \times 40 \times 42$ cm a été préparé et traité dans un récipient en plexiglas.

L'avancement du tunnel se faisait centimètre par centimètre. Sa section était circulaire et d'un diamètre de 6 cm. La couverture faisait 12 cm, l'avancement total 25 cm. L'excavation était réalisée à l'aide d'un instrument mécanique afin de gratter d'une manière soigneuse des morceaux bien définis et très petits. Dans quelques expériences, l'avancement a été suivi d'un tube de soutènement relativement souple.

Des traces minces en encre de chine servaient de lignes de mesure à l'intérieur de la gelatine. Ces traces avaient été réalisées dans la gelatine durcie à l'aide de ficelles, introduites dans la gelatine liquide. De nombreux états de déformation ont été enregistrés par deux caméras au cours de l'avancement.

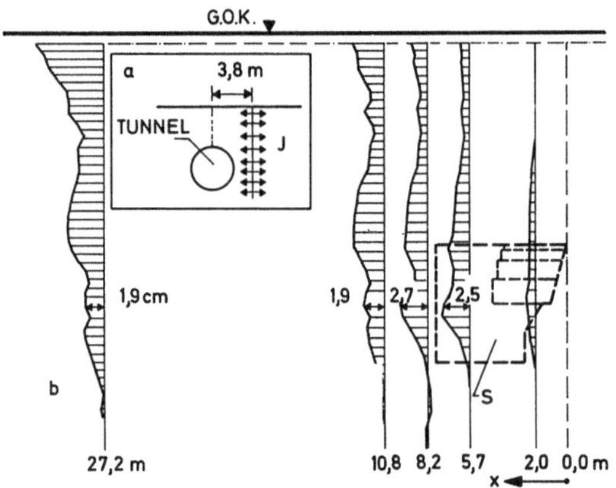

Abb. 1. Horizontale Verschiebungen auf einer Seite eines Schildvortriebes beim Durchfahren eines Meßquerschnittes (Metro Washington D. C.) nach Hansmire und Cording 1972

a) Wirkliche Lage des Inklinometers (*J*) neben dem Tunnel; b) Darstellung der Meßergebnisse in bezug auf verschiedene Vortriebsstadien. *GOK* Geländeoberkante; *S* Schild; *x* Abstand (m) des Meßinstrumentes von der Schildspitze parallel zur Tunnelachse gemessen

Horizontal displacements on one side of a shield driven tunnel (Metro Washington D. C.) Hansmire and Cording 1972

a) True position of inclinometer (*J*); b) measurement results at different stages of shield advance. *GOK* surface; *S* shield; *x* distance (meters) of inclinometer to head of shield measured parallel to axis of tunnel

Déplacement horizontal d'un côté d'un tunnel à bouclier (Métro de Washington D. C.), Hansmire et Cording 1972

a) Position exacte de l'inclinomètre (*J*); b) résultats de mesure à différentes phases d'avancement du bouclier. *GOK* surface du terrain; *S* bouclier; *x* distance entre inclinomètre et bouclier mesuré parallèlement à l'axe du tunnel

Key Words: Tunneling, Model Tests, Deformation, Three-Dimensional, Gelatin.

Stichworte: Tunnelbau, Modellversuche, Verformungen, dreidimensional, Gelatine.

Zielsetzung

Mit dem Vordringen des Tunnelbaus in die Stadtgebiete ist die Bestimmung von Verformungen im Gebirge sowie an der Oberfläche notwendiger geworden.

Den zahlreichen in-situ-Meßergebnissen der jüngeren Zeit (Abb. 1), die je nach Ausstattung des Meßprogramms einen mehr oder weniger deutlichen Eindruck von der Vielfalt des wirklichen Verformungsvorganges geben, stehen nur wenige theoretische oder experimentelle Ergebnisse gegenüber.

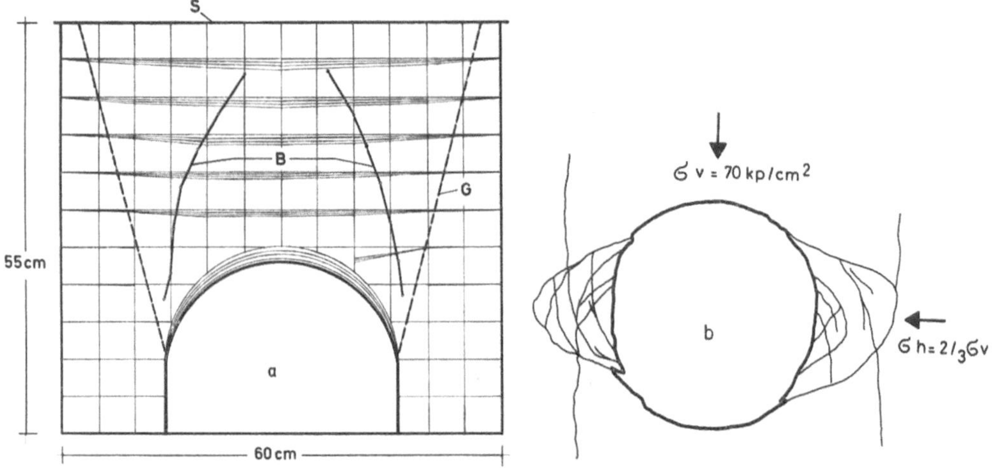

Abb. 2. Tunnelmodellversuche
a) Deformationen infolge Stollenabsenkung (Loos und Breth 1949). *S* Sandoberfläche; *B* Bruchlinie; *G* Gleitlinie. b) Brucherscheinungen am Rande einer Tunnelröhre (R. Heuer 1971)

Tunneling model tests
a) Deformations due to lowering of tunnel roof (Loos and Breth 1949). *S* surface of sand; *B* line of failure; *G* line of sliding. b) Fractures around a tunnel (R. Heuer 1971)

Expériences sur maquette de tunnel
a) Déformations par suite d'un abaissement du revêtement de galerie (Loos et Breth 1949). *S* surface du sable; *B* ligne de fracture; *G* ligne de glissement. b) Fractures autour d'un tunnel (R. Heuer 1971)

Mit Hilfe von Modellversuchen, die der Bestimmung der Ausbaubelastungen dienten, konnten auch in der Vergangenheit Aussagen über einzelne Komponenten des Verformungsvorganges gemacht werden, so z. B. von Loos und Breth 1949 und von R. Heuer 1971 (Abb. 2).

Beim Auffahren eines jeden Tunnels wird jedoch ein räumlicher Verschiebungsvorgang auf den Hohlraum zu ausgelöst, wie er schematisch durch die Pfeile in Abb. 3 dargestellt ist. Je nach Lage des Gebirgsverhältnisses und der Randbedingungen werden sich die einzelnen Verschiebungskomponenten verschieden stark am Gesamtvorgang beteiligen.

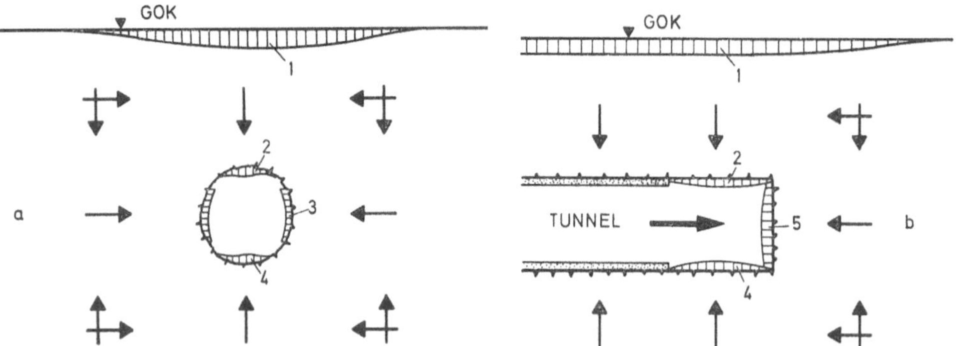

Abb. 3. Schematische Darstellung des Verformungsvorganges bei einem oberflächennahen Tunnelbau

a) Normalschnitt durch die Tunnelachse, b) Parallelschnitt durch die Tunnelachse. *GOK* Geländeoberkante; *1* Oberflächensetzungsmulde; *2* Firstsenkung; *3* Ulmenkonvergenz; *4* Sohlhebung; *5* Hereinwandern der Stollenbrust

Schematic representation of deformation occurring around near-surface tunnels

a) Normal section through tunnel axis; b) Parallel section through tunnel axis. *GOK* surface; *1* settlement trough at the surface; *2* settlement of roof; *3* convergency of side-walls; *4* vertical displacement of invert; *5* horizontal displacement of face

Représentation schématique des déformations autour d'un tunnel près du terrain

a) Section normale par l'axe du tunnel; b) Section parallèle par l'axe du tunnel. *GOK* surface du terrain; *1* tassements en surface; *2* tassements de la couronne; *3* convergences des piédroits; *4* soulèvement de la sole; *5* convergence du front d'attaque

Um den räumlichen Vorgang möglichst vollständig und anschaulich darzustellen und um die natürlichen Belastungsverhältnisse, d. h. nur das Eigengewicht des Gebirges, möglichst getreu wiederzugeben, wurde durchsichtige Gelatine in Form eines kubischen Modellkörpers gewählt.

Beschreibung der Versuche

In einem etwa $50 \times 40 \times 42$ cm großen Plexiglaskasten werden dünne Fäden durch Löcher in den Wänden geführt und gespannt. In diesem Zustand wird durch Öffnungen im Deckel flüssige Gelatinemischung eingebracht. Nach Abkühlung erhärtet die Gelatine. Ihre Konsistenz entspricht dann einer etwas zu fest gewordenen Geleemarmelade oder dem Aspik der Metzger.

Sämtliche Fäden werden nun herausgezogen, indem man ihr freies Ende durch Zeichentusche laufen läßt. Anstelle der Fäden bleiben dann dünne Meßlinien aus Tusche in der Gelatine zurück.

In einem Plexiglasrohr wird eine mechanische Ausbruchsvorrichtung geführt, die es ermöglicht, einen kreisrunden Hohlraum in beliebigen Abschnitten herauszuschälen.

Aufgrund der großen Temperaturempfindlichkeit der Gelatine werden die Versuche in einem Klimaraum bei einer konstanten Temperatur von $+10^0$ C durchgeführt.

Die Tunnelauskleidung besteht aus einer weichen Cellophanröhre, die dem Vortrieb im Abstand von einigen Zentimetern nachgeführt wird. Da die verwendete Gelatine auch bei geringer Konzentration noch standfest ist, wurden Versuche ohne Auskleidung sowie Versuche mit unterschiedlich großen freien Stützweiten zwischen Tunnelbrust und Auskleidung gefahren.

Die Verformungszustände werden in zwei vertikalen, normal zueinander stehenden Ebenen photographisch festgehalten (Abb. 4). Zur Kontrolle und

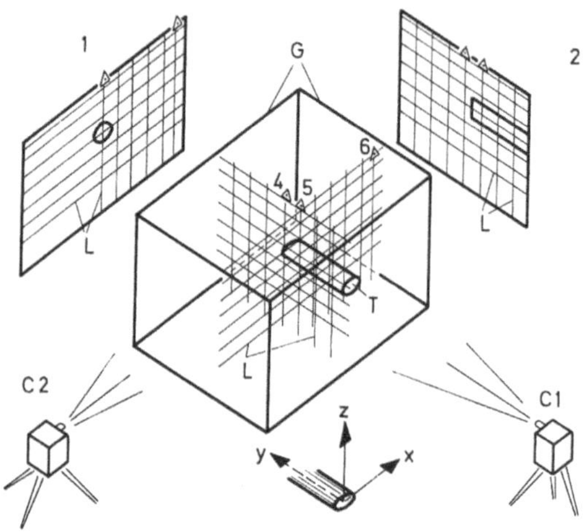

Abb. 4. Versuchsanordnung

1, 2 Von den Kameras C1 und C2 aufgenommene Bilder; *4, 5, 6* Oberflächenmeßpunkte (Induktive Weggeber); *G* Grenzen des Gelatinekörpers; *T* Tunnel; *L* Tuschemeßlinien

Test Array

1, 2 Pictures taken by cameras C1 and C2; *4, 5, 6* measurement points on the surface (inductive transducers); *G* boundaries of gelatin; *T* tunnel; *L* ink lines

Arrangement d'expérience

1, 2 Photos prises par les caméras C1 et C2; *4, 5, 6* points de mesure en surface (capteurs inductifs); *G* limites du bloc de gelatine; *T* tunnel; *L* lignes de mesure en encre de chine

zur Erhöhung der Auswertungsgenauigkeit werden die Setzungen von drei charakteristischen Oberflächenpunkten mit Hilfe von induktiven Weggebern gemessen (Abb. 4).

Versuchsergebnisse

Eine qualitative Auswertung der photographischen Versuchsergebnisse erfolgt durch den Vergleich der Bilder von zwei oder mehr verschiedenen Vortriebsstadien. Eine höhere Auswertegenauigkeit läßt sich im Stereokomparator erreichen. Abweichungen und Fehler, die bei der photographischen Aufnahme entstehen, werden durch die Eingabe des zuvor gemessenen Abstandes zweier Referenzpunkte in jedem Meßlinienquerschnitt bei der Auswertung mehrerer Aufnahmen des sogenannten Nullzustandes ermittelt und bei der weiteren Auswertung der Stereokomparatoraufzeichnungen in Form von Korrekturfaktoren berücksichtigt.

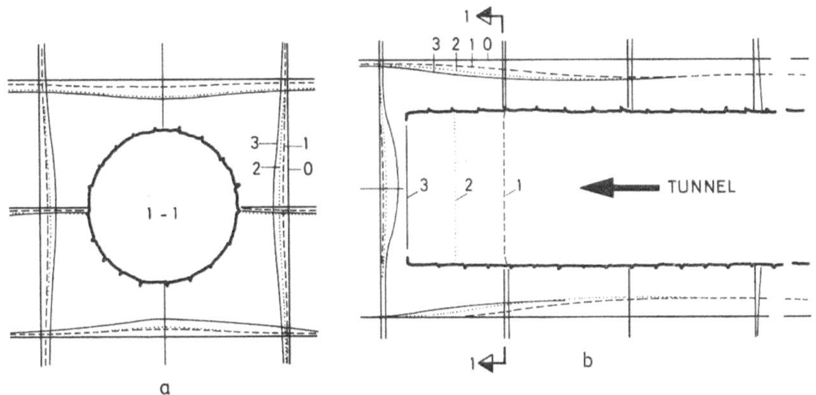

Abb. 5. Verformungen in unmittelbarer Nähe der Stollenbrust

a) Normalschnitt durch die Tunnelachse; b) Parallelschnitt durch die Tunnelachse. *0* Nullzustand; *1* Deformationszustand nach 15 cm Vortrieb; *2* Deformationszustand nach 17 cm Vortrieb; *3* Deformationszustand nach 19 cm Vortrieb

Deformations in the vicinity of the tunnel face

a) Normal section through tunnel axis; b) Parallel section through tunnel axis; *0* zero state of deformation; *1* state of deformation after excavation of 15 cm; *2* state of deformation after excavation of 17 cm; *3* state of deformation after excavation of 19 cm

Déformations près du front d'attaque

a) Section normale par l'axe du tunnel; b) section parallèle par l'axe du tunnel; *0* état de déformation zéro; *1* état de déformation après 15 cm d'avancement; *2* état de déformation après 17 cm d'avancement; *3* état de déformation après 19 cm d'avancement

Am deutlichsten wird die schrittweise Entwicklung der Verschiebungen in unmittelbarer Nähe des Stollenvortriebes (Abb. 5). Firstsenkung, Sohlhebung und Ulmenkonvergenz beeinflussen das Bild annähernd zu gleichen Teilen; nur ein relativ kleiner Setzungsanteil überlagert die Ulmenkonvergenz.

Die ebene Betrachtungsweise allein — sei es nun wie meist üblich in einem Schnitt normal zur Tunnelachse oder auch im Parallelschnitt durch die Tunnelachse — genügt nicht, den Verformungsvorgang zu verstehen. In unterschiedlicher Weise beteiligen sich die drei Bewegungskomponenten an der Gesamtverschiebung, die an jeder Stelle auf den entstandenen Hohlraum gerichtet ist (Abb. 6).

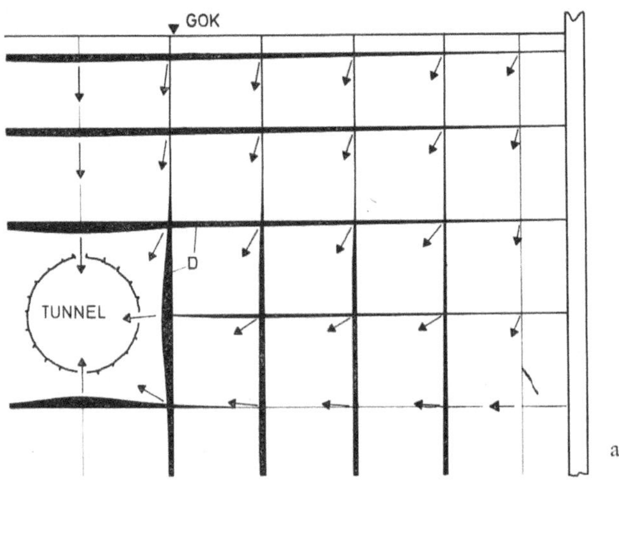

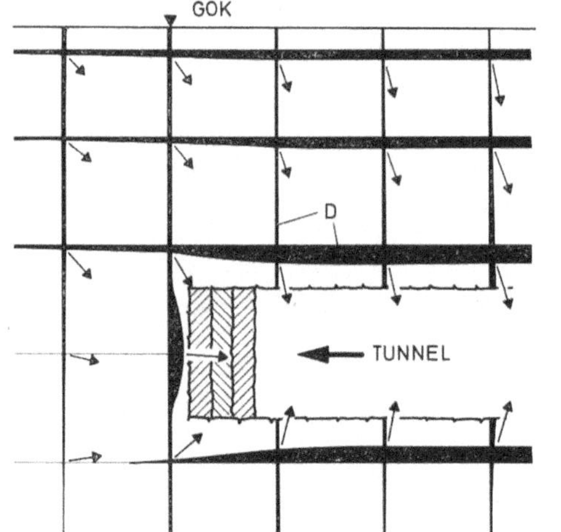

Abb. 6. Hauptverschiebungsfeld (Pfeile nicht maßstabsgetreu)

a) Normalschnitt durch die Tunnelachse; b) Parallelschnitt durch die Tunnelachse;
GOK Gelatineoberkante; *D* Deformationen, vergrößert

Primary displacement field

a) Normal section through tunnel axis; b) parallel section through tunnel axis
GOK gelatin surface; *D* displacements, enlarged

Champs des déplacements principaux (les flèches ne sont pas à l'échelle)

a) Section normale par l'axe du tunnel; b) section parallèle par l'axe du tunnel
GOK surface de la gelatine; *D* déformations agrandies

Im Hinblick auf den gesamten Deformationsvorgang hat die Setzungsmulde an der Oberfläche (Abb. 7) eine verhältnismäßig geringe Aussagekraft. Das ist wohl auch der Grund dafür, daß sich die meisten Setzungsmulden über unterirdischen Hohlräumen in ihrem generellen Verlauf ähneln. Für eine vollständige Abschätzung eines Verformungsvorganges beim Tunnelbau müssen Messungen an der Oberfläche als nicht ausreichend angesehen werden. Für die Beurteilung der eventuellen Beeinträchtigung von Bauwerken an der Oberfläche mögen sie hingegen genügen.

Unter den konstanten Temperaturbedingungen von $+10^{0}\,C$ erwies sich die Gelatine als geringfügig zeitabhängig. Der zentimeterweise Vortrieb erfolgte in festen Zeitabständen von 10 Minuten. Im gesamten Versuchszeitraum von etwa 5 Stunden war der Einfluß aus zeitabhängiger Kriechverfor-

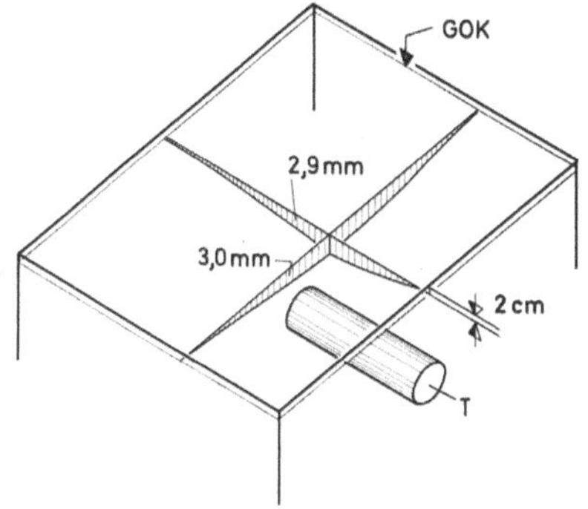

Abb. 7. Setzungsmulde, überhöht dargestellt

GOK Gelatineoberkante; *T* Tunnel

Settlement trough enlarged

GOK gelatin surface; *T* tunnel

Tassement en surface (agrandi)

GOK surface de la gelatine; *T* tunnel

mung sehr gering. Nahezu 100% der Setzungen stellten sich jeweils innerhalb der drei Minuten ein, die für das Herausschälen einer 1 cm langen Scheibe aus dem Gelatinekörper benötigt wurden. Während der verbleibenden sieben Minuten bis zum Beginn der nächsten Ausbruchsstufe wurde überwiegend Stillstand der Bewegungen beobachtet (Abb. 8).

Schlußbemerkung

Die beschriebenen Modellversuche wurden in der Abteilung Felsmechanik des Institutes für Bodenmechanik und Felsmechanik der Universität Karlsruhe durchgeführt. Die finanziellen Mittel wurden vom Bundesminister für Verkehr bereitgestellt.

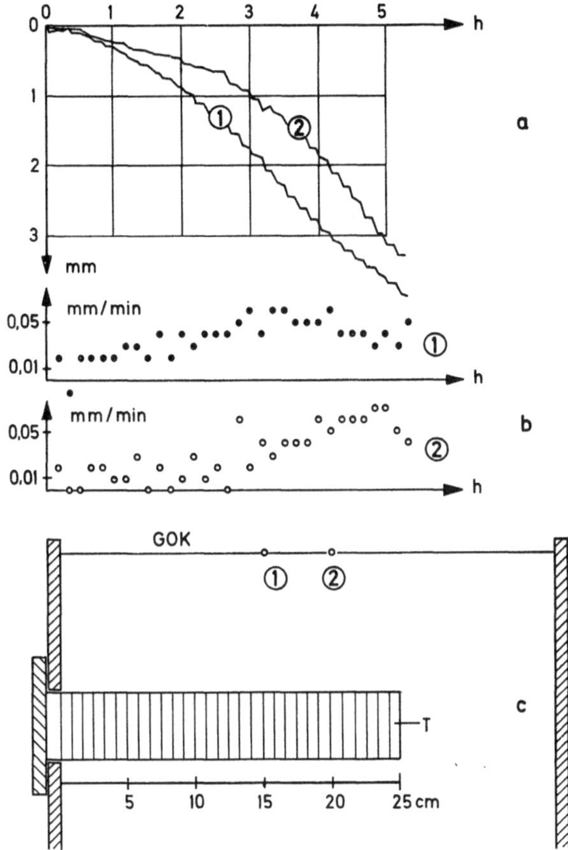

Abb. 8. Setzungsentwicklung der Oberflächenpunkte 1 und 2 direkt oberhalb der Tunnelachse
— keine Auskleidung

a) Zeit-Setzungslinien; b) Setzungs-Geschwindigkeiten; c) Lage der Meßpunkte und Vortriebsablauf. *GOK* Gelatineoberkante; *T* Tunnel

Subsidence development at surface points 1 and 2 directly above tunnel axis — no lining

a) Time-subsidence diagram; b) velocity of subsidence; c) position of measurement points and excavation stages. *GOK* gelatin surface; *T* tunnel

Développement des tassements des points 1 et 2 en surface, situés au dessus de l'axe du tunnel
— pas de soutènement

a) Diagramme temps-tassements; b) vitesse de tassement; c) emplacement des points de mesure et de l'état d'excavation. *GOK* surface de la gelatine; *T* tunnel

Der Modellstoff Gelatine und einige der verwendeten Geräte wurden in Vorarbeiten von Dipl.-Ing. Gerhard S a u e r und Werner S c h o e r erprobt.
Der Verfasser möchte Herrn Werner S c h o e r für seine Mitarbeit bei den Modellversuchen danken.

Literatur

Hansmire, W., and E. Cording: Performance of a Soft Ground Tunnel on the Washington Metro. Proc. RETC, Chicago 1972 (im Druck).

Heuer, R. E., and A. J. Hendron: Geomechanical Model Study of the Behaviour of Underground Openings in Rocks Subjected to Static Loads. Contract Report N-69-1 by University of Illinois for U. S. Army Engineer Waterways Experiments Station, February 1971.

Loos, W., and H. Breth: Kritische Betrachtung des Tunnel- und Stollenbaues und der Berechnung des Gebirgsdruckes. Der Bauingenieur 24, H. 5, S. 129—135, 1949.

Anschrift des Verfassers: Dipl.-Ing. Gerhard Lögters, Abteilung Felsmechanik am Institut für Bodenmechanik und Felsmechanik der Universität Karlsruhe, Richard-Willstätter-Allee, D-7500 Karlsruhe 1, Bundesrepublik Deutschland.

Rock Mechanics, Suppl. 3, 113—130 (1974)

Felsmechanische Probleme am Gotthard

Von

G. Lombardi

Mit 12 Abbildungen

Zusammenfassung — Summary — Résumé

Felsmechanische Probleme am Gotthard. Im Zentrum der Schweiz steht gegenwärtig der Gotthard-Straßentunnel von 16,3 km Länge im Bau. Ein Basistunnel von 49 km Länge für die Eisenbahn unter demselben Bergmassiv wird zur Zeit projektiert.

Wegen der Größe der Bauobjekte spielen felsmechanische Untersuchungen eine bedeutende Rolle. In der vorliegenden Arbeit werden die sich stellenden Probleme sowie der für die Lösung eingeschlagene Weg kurz dargelegt.

Vorwiegend handelt es sich um die Bemessung der Tunnelauskleidung sowie die Voraussagen der notwendigen Verkleidungsdicke und der möglichen Vortriebsmethoden, insbesondere für den tiefliegenden Eisenbahn-Basistunnel. Ferner stellt sich die Frage der genauen Definition der Ausbruchklassen zur gerechten Entschädigung der Bauunternehmung für die erbrachten Leistungen.

Rock Mechanic Problems at St. Gotthard. The St. Gotthard road tunnel — 16.3 km in length — in the central part of Switzerland has now been under construction for three years. A railway basis tunnel of 49 km length under the same mountain is presently in its planning stage.

Because of the large dimensions of these projects rock mechanics investigations play an important role. Problems which have been recognized during such investigation are presented and possible solutions are pointed out.

Calculation of the necessary supports, forecast of lining thickness and determination of possible methods of excavation are the major problems to be dealt with, particularly for the basis tunnel with its large overburden.

At last the exact classification of the rockmass with regard to excavation and support assumes importance with respect to the correct payment of the contractor's work.

Problèmes de mécanique des roches au St. Gotthard. Le tunnel routier du St. Gotthard de 16,3 km de long est en cours de construction; il se trouve dans la partie centrale de la Suisse. Un tunnel ferroviaire de base de 49 km de longueur sous le même massif montagneux est en cours d'étude.

En raison des dimensions de ces ouvrages, les recherches de mécanique des roches jouent un rôle particulièrement important. Dans cet article on décrit brièvement les problèmes qui se posent, ainsi que la voie suivie pour les résoudre. Essentiellement il s'agit du dimensionnement du soutènement du tunnel, ainsi que de

la prévision de l'épaisseur du revêtement et des méthodes d'avancement, en parti-
culier pour ce qui concerne le tunnel de base qui se trouve à une grande profondeur.

En outre la définition exacte des "classes d'excavation" revêt une grande importance en vue de payement équitable des prestations de l'entrepreneur.

1. Einleitung

Der Gotthard scheint die Tunnelbauer anzuziehen. Vor genau einem
Jahrhundert wurde der Bau des ersten Eisenbahntunnels in Angriff genom-
men, der im Jahre 1882 dem Betrieb übergeben werden konnte. Auf der
gleichen Höhe von etwa 1150 m ü. M. steht nun seit drei Jahren zwischen

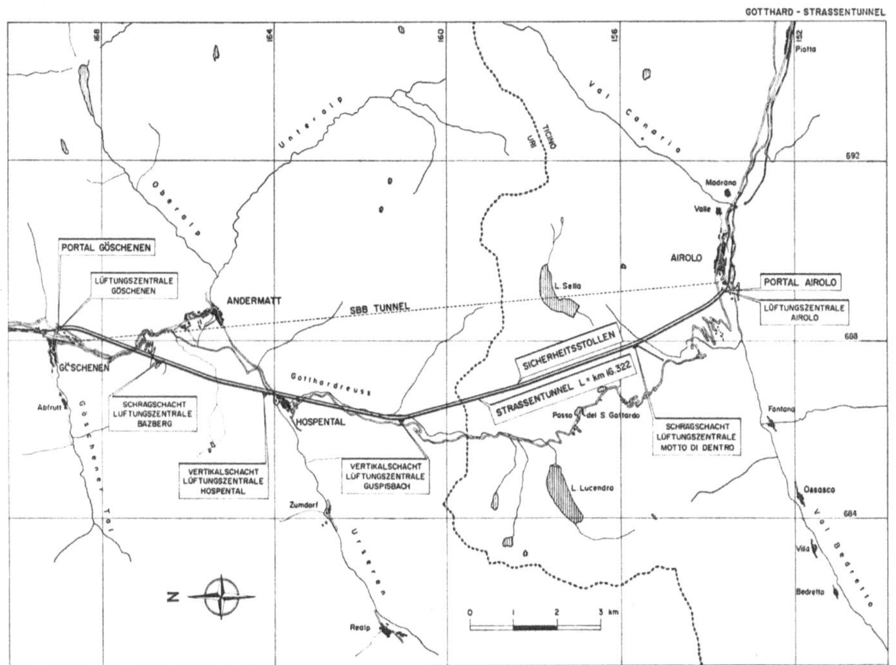

Abb. 1. St.-Gotthard-Straßentunnel
St.-Gotthard-road tunnel
Tunnel routier du St. Gotthard

Straßentunnel = road tunnel = tunnel routier
Sicherheitsstollen = emergency gallery = galerie de sécurité
Portal = portal = portail
Lüftungszentrale = ventilation station = centrale de ventilation
Schrägschacht = inclined shaft = puits incliné
Vertikalschacht = vertical shaft = puits vertical

Airolo und Göschenen der Gotthard-Straßentunnel im Bau. Neben der zwei-
spurigen ersten Tunnelröhre wird ein sogenannter Sicherheitsstollen mit einem

Minimalprofil ausgebrochen, der später zu einer zweiten Tunnelröhre mit zwei weiteren Spuren erweitert werden soll (Abb. 1).

Zur Zeit wird am Projekt eines Eisenbahn-Basistunnels von 49 km Länge zwischen Giornico und Amsteg gearbeitet. Dieser Tunnel in etwa 500 m ü. M. wird bessere Bahnverbindungenen zwischen Italien und Nordeuropa herstellen.

Das vergleichende Studium dieser verschiedenen Bauwerke vom Gesichtspunkt der Bauausführung und der mit der Felsmechanik zusammenhängenden Fragen wäre sicherlich äußerst interessant. Im vorliegenden Aufsatz sollen jedoch nur die Probleme des Gotthard-Straßentunnels und diejenigen des Eisenbahn-Basistunnels zur Sprache kommen. Dabei muß vermerkt werden, daß mehr von Problemen und Lösungsversuchen als von fertigen Lösungen die Rede sein wird. In der Tat bleibt noch einiges zu tun, bis jedes sich stellende Problem bei diesen Tunnelbauten als gelöst betrachtet werden kann.

2. Gotthard-Straßentunnel

2.1 Situation

Die zentrale Lage des Gotthards in den schweizerischen Alpen ist wohlbekannt, und die verkehrstechnische Bedeutung des im Bau stehenden Straßentunnels braucht an dieser Stelle nicht besonders hervorgehoben zu werden.

Aus Gründen, die zum Teil mit der Disposition der Lüftungsschächte und zum Teil mit geologischen Überlegungen zusammenhängen, wurde im Gegensatz zum Eisenbahntunnel nicht die gerade Verbindungslinie, sondern eine bogenförmige Trassierung gewählt. Die Mehrlänge des Tunnels hat sich durch die bei den Schächten möglich gewordenen Einsparungen gerechtfertigt.

2.2 Geologie

Mit seiner Länge von 16 km durchquert der Gotthard-Straßentunnel recht verschiedene geologische Zonen (Abb. 2). Im Norden befindet sich das Aaremassiv, welches zum größten Teil aus gesundem Granit besteht. Trotz der vorzüglichen Eigenschaften dieses Gesteins (hohe Festigkeitswerte und Elastizitätsmoduli) werfen zahlreiche Schwächezonen, die durch Lamprophyre gebildet sind, einige bautechnische Probleme auf. Das Zusammentreffen dieser Lamprophyre kann bei ungünstigen Schnittwinkeln zu sehr gefährlichen Niederbrüchen größeren Ausmaßes führen, welche leider bereits tödliche Folgen gehabt haben. Trotz der massiven Ausbildung des Gebirges sind ferner stellenweise bemerkenswerte ebene, vollständig durchtrennte und sehr glatte Diskontinuitätsflächen zu verzeichnen, welche Reibungswinkel von knapp 30^0 aufweisen. Auf denselben ist praktisch keine Kohäsion festzustellen. Am Südrand des Aaremassivs befinden sich die Gneise mit ihren üblichen felsmechanischen Eigenschaften.

G. Lombardi:

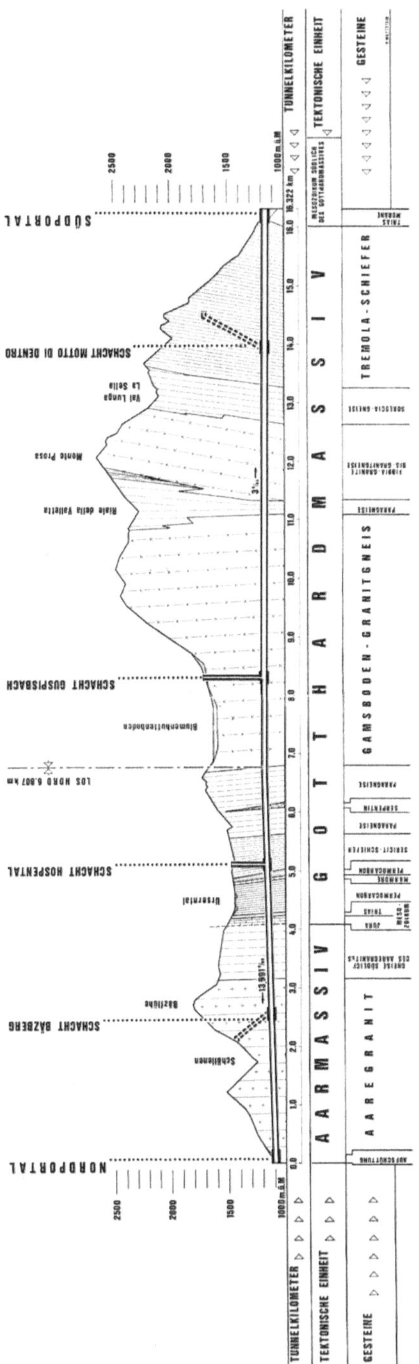

Abb. 2. St.-Gotthard-Straßentunnel — Geologisches Profil
St.-Gotthard-road tunnel — Geological section
Tunnel routier du St. Gotthard — Profil géologique

Im südlichen Teil durchörtert der Tunnel das eigentliche Gotthardmassiv, dessen Kern vorwiegend aus massigen Granitgneisen gebildet wird. Die Eigenschaften dieser Felsen sind als vorzüglich zu bezeichnen, obschon eine Anzahl von Bruchsystemen vorhanden ist. Die entsprechenden Diskontinuitätsflächen haben aber einen hohen Verzahnungsgrad. Am Südrand des Gotthardmassivs befinden sich die Schiefer der sogenannten Tremolaserie, welche annehmbare Festigkeitswerte aufweisen.

Zwischen den beiden Massiven liegt die Urserenzone mit ihrem sehr komplexen Aufbau. Während die Serizitschiefer im südlichen Teil keine allzu großen Erschwernisse für den Tunnelbau bilden sollten, ist die Serie des Permokarbons und des Mesozoikums sicher die ungünstigste. Das Mesozoikum mit den sehr fein geschichteten Gesteinen (wie z. B. den Tonschiefern, bei welchen Reibungswinkel und Kohäsion sehr stark zurückgehen, und welche weitgehend zertrümmert sind) wirft bereits einige Probleme im Sicherheitsstollen auf und wird noch größere Schwierigkeiten bei seiner Durchfahrung im Hauptprofil bereiten.

Um eine geotechnisch brauchbare Dokumentation über das Gebirge zu erhalten, werden von allen durchörterten Gesteinen systematisch die wichtigsten felsmechanischen Kennwerte, wie Reibungswinkel und Kohäsion an Felsprobekörpern, bestimmt. Dazu werden stellenweise auch die übrigen mechanischen Kennwerte, wie Elastizitätsmodul und Festigkeit des Gesteins, ermittelt.

2.3 Berechnungsmethoden für die Auskleidung

Beim Straßentunnel stellt sich die Frage der Dimensionierung der Tunnelauskleidung eigentlich nur in sehr kurzen Abschnitten. In allen Gneisund Granitstrecken sowie zum Teil auch in den Tremolaschiefern sind die Tunnelprofile praktisch standfest, und die üblichen Sicherheitsvorkehrungen genügen, um die Stabilität des Profils endgültig zu gewährleisten. Die nachträglich eingezogene Betonauskleidung ist nicht aus statischen, sondern aus konstruktiven, mit der Tunnelbelüftung zusammenhängenden Gründen erforderlich.

Abgesehen von den Portalzonen, die praktisch im Lockergestein liegen, stellen sich Probleme der Bemessung der Auskleidung somit nur in der Urserenzone.

Soweit Standfestigkeitsberechnungen durchzuführen sind, wird die Methode der Kennlinien verwendet. Die ursprüngliche Idee der Darstellung der Stabilitätsverhältnisse im Tunnel durch eine Kennlinie geht auf Fenner zurück. Aus Abb. 3 gehen die wichtigsten Gedankengänge dieser Methode hervor. Im natürlichen Zustand wird der Kern, d. h. der zukünftige Felsausbruch, durch die herrschenden natürlichen Spannungen belastet. Dieser Kern könnte, vom statischen Standpunkt aus, durch die vom Hohlraum nach außen wirkenden natürlichen Spannungen ersetzt werden. Es kommen keine Verschiebungen gegenüber dem Ausgangszustand vor. Werden diese Kräfte sukzessive vermindert, so entsteht eine Verformung des Gebirges und insbesondere eine Verschiebung des Tunnelrandes gegen das Innere.

Der funktionelle Zusammenhang zwischen Innendruck und Verschiebung wird graphisch dargestellt und als Kennlinie des Gebirges oder des Hohlraumes bezeichnet. Schneidet die Kennlinie die Ordinatenachse, so ist das Profil standfest; wenn nicht, so sind Maßnahmen zur Stabilisierung desselben nötig. Am Innenrand des Hohlraumes muß in diesem Fall ein Stabilisierungsdruck angebracht werden, damit ein Gleichgewicht überhaupt möglich wird. Die Kennlinie wird punktweise konstruiert, indem für einzelne Werte des Stabilisierungsdruckes die gelochte elastoplastische Gebirgsscheibe gerechnet und die Verformungen am Innenrand ermittelt werden.

In der Tat sind beim Vortrieb eines Tunnels die Verhältnisse nicht so einfach, daß sie durch die statische Berechnung einer ebenen Scheibe mit

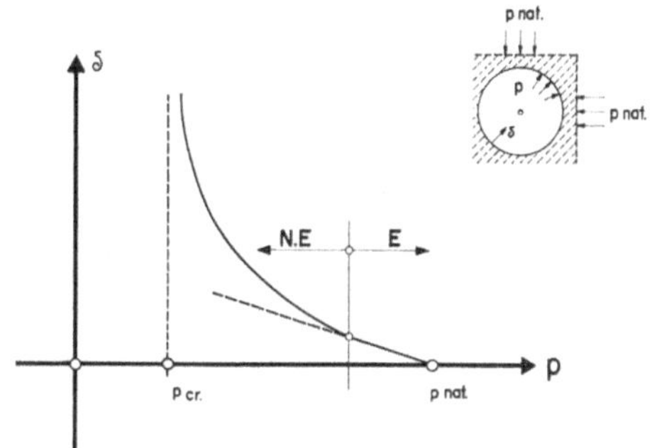

Abb. 3. Kennlinie des Gebirges

P_{nat} = natürlicher Gebigsspannung, p = radialer Stabilisierungsdruck, P_{cr} = kritische radiale Pressung, ϑ = radiale Verschiebung am Aushubrand, E = elastisches Verhalten, NE = nicht-elastisches Verhalten

Characteristic line of the cavity

P_{nat} = natural rock stress, p = radial pressure of stabilisation, P_{cr} = critical radial pressure, ϑ = radial displacement at the excavation border, E = elastic behavior, NE = non-elastic behavior

Ligne caractéristique de la cavité

P_{nat} = contrainte naturelle initiale, p = pression radiale de stabilisation, P_{cr} = pression radiale critique, ϑ = déplacement radial au bord de l'excavation, = E comportement élastique, NE = comportement non-élastique

genügender Genauigkeit erfaßt werden könnten. Der Ersatz des Kernes durch eine Auskleidung kann nicht auf einen Schlag erfolgen. Verschiedene Arbeitsphasen müssen der Reihe nach rechnerisch nachvollzogen werden.

An der Brust und im angrenzenden Bereich entsteht ein dreiachsiger Spannungszustand. Der Hohlraum wird zuerst durch die Brust oder die Kernscheibe gestützt (Abb. 4). Das Gleichgewicht zwischen Kernscheibe und Hohlraum stellt sich im Schnittpunkt der entsprechenden Kennlinien ein und wird durch die zugehörigen Koordinatenwerte gekennzeichnet (Abb. 5).

Nun kann die Auskleidung nicht ohne „Spiel" gegenüber dem Ursprungszustand eingezogen werden. Die Kennlinie derselben muß in der Figur im Punkt C anfangen und nicht etwa im Punkt O, wie dies manchmal zu sehen ist (Abb. 6).

Die Verschiebung $O\!-\!C$ kann als *theoretischer Spalt* zwischen der endgültigen Auskleidung und dem Gebirge angesehen werden. Diesem Spalt
kommt eine große Bedeutung in der Ermittlung der Beanspruchung der Aus-

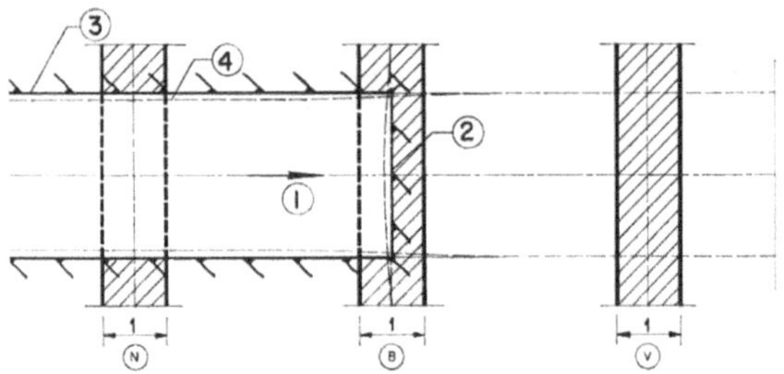

Abb. 4. Tunnelvortrieb

Untersuchung von drei Scheiben, vor der Brust (*V*), an der Brust (*B*) und nach der Brust (*N*)
1 Vortrieb, 2 Tunnelbrust, 3 ursprüngliche Felslinie, 4 verformte Felslinie

Excavation of a Tunnel
Study of three plane slices, ahead of the face (*V*), in the face (*B*) and behind the face (*N*)
1 Excavation, 2 Face, 3 Original position of the rock elements, 4 Position of rock elements
after deformation

Excavation du tunnel
Examen de trois tranches planes, devant le front d'attaque (*V*), dans le plan du front (*B*) et
derrière le front (*N*)
1 Avancement, 2 front, 3 position initiale de la roche, 4 déformée de la roche

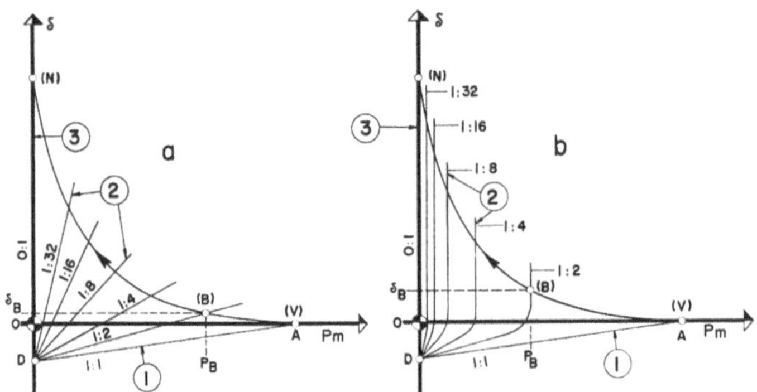

Abb. 5. Fortschreitende Abschwächung des Kernes

a) Elastische Verhältnisse, b) Elasto-plastische Verhältnisse; 1 Kennlinie des vollen Kernes,
2 Kennlinie des abgeschwächten Kernes, 3 Hohlraum

Stepwise elimination of the rock core
a) Elastic behavior, b) elasto-plastic behavior; 1 characteristic line of the full core, 2 characteristic line of the partially excavated core slice, 3 cavity

Affaiblissement successif du noyau
a) Conditions élastiques, b) conditions élasto-plastiques; 1 Ligne caractéristique du noyau
entier, 2 lignes caractéristiques du noyau affaibli, 3 cavité

bauten zu, da es sich selbstverständlich um ein statisch unbestimmtes Problem handelt. Die richtige Bemessung dieses „Spaltes" bildet eigentlich den
Kerngedanken der neuen österreichischen Baumethode.

In Abb. 6 sind die möglichen Konstruktionen für einen komplexen Fall, in welchem auch Zeiteinflüsse mitberücksichtigt werden, ersichtlich. Im Zeitpunkt t_0, d. h. unmittelbar nach dem Abschlag, stellt sich ein Gleichgewicht bei der Brust in Punkt A ein.

Ein erster Ausbau kann nur mit einem Spiel S_1 eingezogen werden und weist eine entsprechende Kennlinie auf. Ab einiger Distanz von der Brust wird das Gleichgewicht im Punkt D erreicht. Nach einiger Zeit, etwa im Zeit-

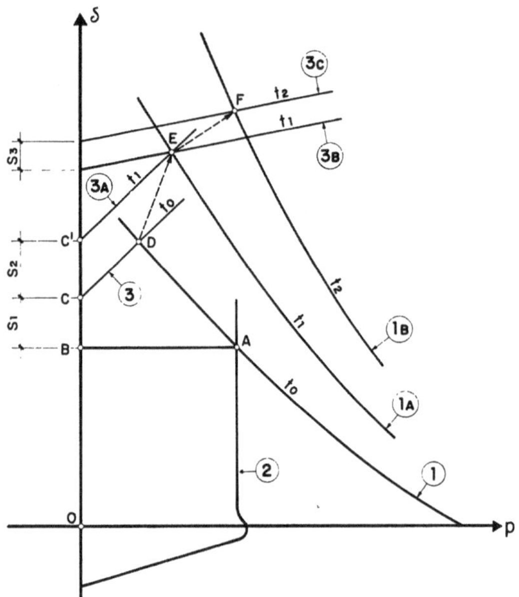

Abb. 6. Die Kennlinien eines komplexen Falles

p = Radiale Pressung, ϑ = radiale Verformung des Innenrandes, $1, 1A, 1B$ = Kennlinien des Gebirges, 2 = Kennlinie der Kernscheibe, $3, 3A, 3B, 3C$ = Kennlinien der Ausbauten, A = Gleichgewicht bei der Brust, D, E, F = Sukzessive Gleichgewichtspunkte, t_0, t_1, t_2 = Zeitpunkte, S_i = theoretischer Spalt

The characteristic lines of a complex case

p = Radial pressure, ϑ = radial displacement of the excavation line, $1, 1A, 1B$ = characteristic lines of the cavity, 2 = characteristic line of the core, $3, 3A, 3B, 3C$ = characteristic lines of the installation, A = equilibrium at the face, D, E, F = changing equilibrium with time, t_0, t_1, t_2 = time-values, S_i = theoretical radial gap

Les lignes caractéristiques d'un cas complexe

p = pression radiale, ϑ = déformation radiale au bord de l'excavation, $1, 1A, 1B$ = lignes caractéristiques de la cavité, 2 = ligne caractéristique du noyau, $3, 3A, 3B, 3C$ = lignes caractéristiques du soutènement, A = Equilibre au front, D, E, F = Points d'équilibre successifs, t_0, t_1, t_2 = temps successifs, S_i = jeu radial théorique

punkt t_1, verschieben sich, als Folge der Viskosität des Gebirges, die Kennlinie des Hohlraumes von (1) nach (1 A), diejenige der Auskleidung nach (3 A), so daß der Gleichgewichtspunkt von D nach E wandert. In diesem Zeitpunkt wird beispielsweise eine steifere Auskleidung eingezogen. Die Kennlinie der Auskleidung weist nun eine flachere Charakteristik (3 B) auf. Der Gleichgewichtspunkt wird sich daher zuletzt von E nach F verschieben.

2.4 Standfestigkeitsfälle

Die Betrachtung der möglichen Kombinationen der Kennlinien des Gebirges einerseits und der Kernscheibe andererseits führt zur Definition von vier Standfestigkeitsfällen gemäß Abb. 7.

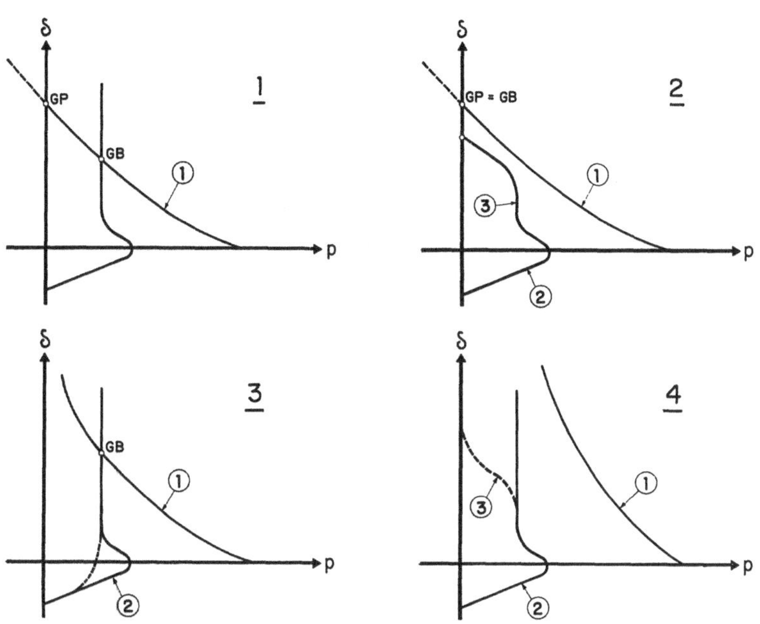

Abb. 7. Die 4 Standfestigkeitsfälle
1 = Kennlinie des Gebirges, 2 = Kennlinie des Kernes, 3 = Bruch des Kernes, GB = Gleichgewicht bei der Brust, GP = Gleichgewicht des Profils
The 4 cases of stability
1 = Characteristic line of the cavity, 2 = characteristic line of the core slice, 3 = rupture of the core slice, GB = equilibrium at the face, GP = equilibrium of the tunnel section
Les 4 cas de stabilité
1 = Ligne caractéristique de la cavité, 2 = ligne caractéristique de noyau, 3 = rupture du noyau, GB = équilibre au front, GP = équilibre du profil

Im Fall 1 ist sowohl die Brust wie auch der Tunnelumfang standfest, so daß sich ohne weiteres ein Gleichgewicht ergibt.

Beim Fall 2 kann die Brust die ihr zugemutete Zusammendrückung nicht ertragen: sie geht zu Bruch. Der Hohlraum ist dennoch standfest, denn die Kennlinie schneidet die Ordinatenachse.

Der Fall 3 ergibt sich, wenn einerseits die Kennlinie des Gebirges die Ordinatenachse nicht mehr schneidet — somit ist der unverkleidete Tunnel nicht standfest —, andererseits aber an der Brust ein Gleichgewicht gefunden werden kann, ohne daß eine Stützung derselben nötig wäre. Die beiden Kennlinien schneiden sich.

Beim Fall 4 ist weder die Brust noch der Tunnel standfest. Die Kennlinien schneiden sich nicht mehr. Es sind daher spezielle Baumaßnahmen notwendig, wie etwa der Einsatz eines Schildes, um überhaupt einen Gleichgewichtszustand beim Vortrieb zu erzeugen.

Im Gotthard-Straßentunnel ist auf dem größten Teil der Länge mit dem Standfestigkeitsfall 1 zu rechnen. Der Fall 2 ist bereits auf kurzen Strecken, etwa 1 km vom Südportal, vorgekommen. Der Fall 3 wird sich in den meisten Schichten der Urseren-Mulde einstellen, und der Fall 4 mit der Notwendigkeit eines Brustverzuges oder ähnlicher Maßnahmen wird aller Voraussicht nach in einzelnen Strecken des Mesozoikums zutreffen.

2.5 Geplante Versuche

Obschon die entwickelten Berechnungsmethoden überzeugende Resultate ergeben, ist es nicht zulässig, sie unbesehen anzuwenden und ohne weiteres auf eine Bestätigung der Theorie durch Versuche zu verzichten. Aus diesem Grund wurde im Gotthard-Straßentunnel vorgesehen, durch einige großangelegte Versuche ein vollständiges Bild über den gesamten Verschiebungs- und Spannungszustand im Gebirge beim Ausbruch des Tunnels zu erhalten.

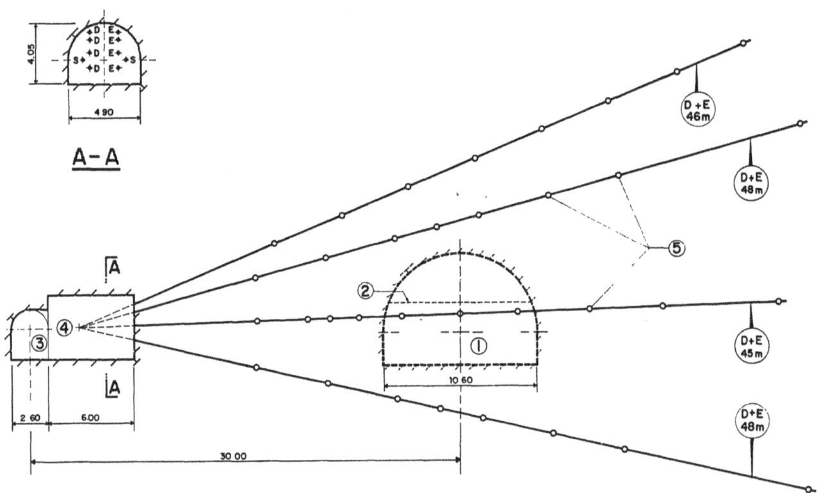

Abb. 8. St.-Gotthard-Straßentunnel
Anordnung der Meßinstallationen für die felsmechanischen Untersuchungen
1 Straßentunnel, 2 Eventueller Kalottenvortrieb, 3 Sicherheitsstollen, 4 Meßkammer
D = Bohrungen für die Deflektometer, E = Bohrungen für die Extensometer, S = Bohrungen für die Bemessung des natürlichen Spannungszustandes

St.-Gotthard-road tunnel
Disposition of the instruments for the rock mechanics mesurements
1 Road tunnel, 2 possible two phase excavation, 3 gallery of emergency, 4 measuring chamber
D = Drillings for the extensometers, E = drillings for the deflectometers, S = drillings for the mesurement of the natural stresses

Tunnel routier du St. Gotthard
Disposition des installations de mesure pour les essais de mécanique des roches
1 Tunnel routier, 2 excavation éventuelle en calotte, 3 galerie de sécurité, 4 chambre de mesure
D = Perforations pour les déflectomètres, E = perforations pour les extensomètres, S = perforations pour la mesure de l'état naturel des contraintes

In Abb. 8 ist die prinzipielle Disposition der Meßeinrichtung dargestellt, welche in einer Anzahl von Profilen zum Einsatz kommen sollte. Diese Versuchsanordnung zieht Nutzen aus dem Umstand, daß parallel zum Haupttunnel der Sicherheitsstollen vorauseilend ausgebrochen wird. Es ist somit möglich, die Meßapparate, d. h. im wesentlichen Extensometer und Deflektometer, in Bohrlöchern zu versetzen, und zwar — was sehr wichtig ist — schon vor dem Ausbruch des Haupttunnels. Es können somit die Verschiebungen vor, während und nach dem Ausbruch erfaßt werden.

Selbstverständlich werden in den ausgewählten Meßquerschnitten alle notwendigen weiteren Daten gemessen, wie

— der natürliche Spannungszustand (punktweise),

— die Verformungs- und

— die Festigkeitseigenschaften des Gebirges und der Diskontinuitätsflächen.

Ferner soll versucht werden, mit Hilfe einer noch zu bestimmenden Methode die Ausdehnung der Bruchzone und der Auflockerungszone direkt zu ermitteln.

Vor Beginn dieser Meßkampagne ist ein Vorversuch im Aaregranit ausgeführt worden. Vom Sicherheitsstollen aus wurde ein Extensometer in horizontaler Richtung gegen den Tunnel verlegt. Die radialen Verschiebungen sind ständig registriert worden, als der Haupttunnel durch den entsprechenden Querschnitt vorgetrieben wurde. Die Ergebnisse sind in Abb. 9 zusammengefaßt.

Interessanterweise sind zuerst Verschiebungen vom Haupttunnel weg festgestellt worden, bis die Brust des Haupttunnels das Meßprofil erreichte; alsdann haben die Verschiebungen in umgekehrter Richtung, d. h. gegen den Tunnel hin, stattgefunden. Eine eindeutige Erklärung für diese Erscheinung, die übrigens auch anderswo festgestellt wurde, ist bislang noch nicht gefunden worden.

2.6 Spezielle Probleme

Ein spezielles felsmechanisches Problem, das beim Gotthard-Straßentunnel aufgetreten ist, stellt der Schrägschacht Motto di Dentro in den Tremola-Schiefern im südlichen Abschnitt dar. In diesem Belüftungsschacht wird zuerst eine Richtbohrung von 3 m Durchmesser von unten nach oben mit einer Tunnelvortriebsmaschine hergestellt. Anschließend wird dieser Schacht von oben nach unten auf 6,4 m Durchmesser ausgeweitet werden. Beim Bohren des Richtschachtes, dessen Überlagerung 1300 m erreichte, zeigte sich an den Ulmen — entsprechend der Spannungskonzentration am Tunnelumfang — ein Ausknicken der Schieferung, welche den Richtschacht nahezu tangential berührt. Der Fels wurde anschließend an denselben Stellen durch den Druck der Antriebspressen der Vortriebsmaschine noch weiter beschädigt.

Bei den im selben Gebirge bei gleicher Überlagerung im Sprengvortrieb ausgebrochenen Tunneln und Stollen sind solche Erscheinungen kaum beobachtet worden. Dies steht selbstverständlich mit der zum Teil anderen Orientierung der Bauwerke im Zusammenhang und vielleicht auch ein wenig mit dem Umstand, daß beim Bohrvortrieb keine Sprengrisse vorkommen, welche die Spannungskonzentration am Rande des Hohlraumes abbauen helfen.

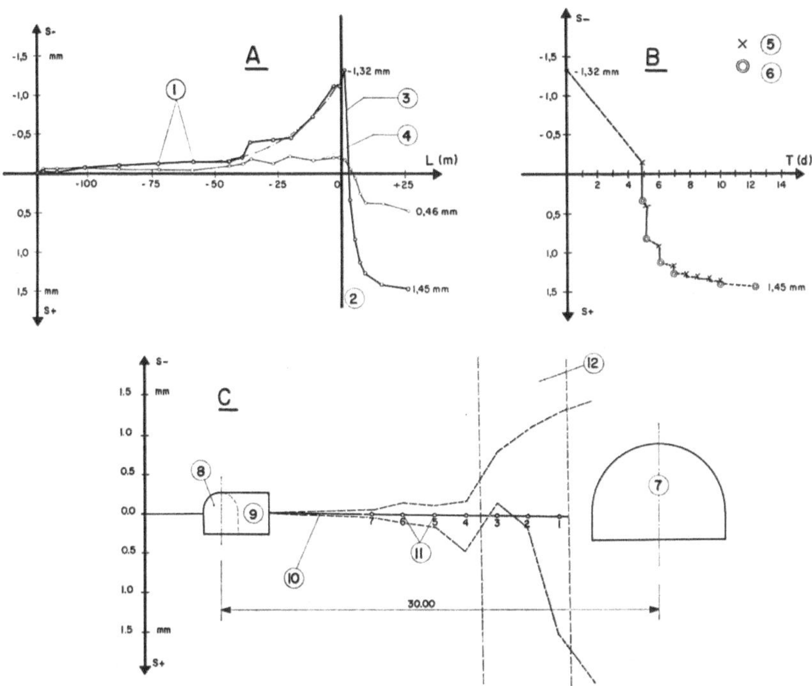

Abb. 9. St.-Gotthard-Straßentunnel — Vorversuch

A = Verschiebungen in Funktion des Aushubes des Tunnels, B = Verschiebungen vom Meß-punkt 1 in Funktion der Zeit, C = Versuchsanordnung mit Extremwerten der Verschiebun-gen, S^+ = Verschiebung gegen den Haupttunnel, L = Stand des Vortriebes gegenüber Meß-profil 2, T = Zeit in Tagen, 1 = Meßwerte, 2 = Meßprofil, 3 = Meßpunkt 1, 4 = Meß-punkt 4, 5 = Messung vor dem Abschlag, 6 = Messung nach dem Abschlag, 7 = Haupt-tunnel, 8 = Sicherheitsstollen, 9 = Meßkammer, 10 = Extensometer, 11 = Meßanker, 12 = Zone aus feinkörnigem Granit

St.-Gotthard-road tunnel — preliminary measurements

A = Displacements versus advance of excavation, B = displacements of measuring point 1 versus time, C = measuring device with extreme displacements, S^+ = displacements towards main tunnel, L = advance of the excavation of main tunnel in respect to measurement sec-tion 2, T = time in days, 1 = measured values, 2 = section of measurement, 3 = measuring point 1, 4 = measuring point 4, 5 = measurement before blasting, 6 = measurement after blasting, 7 = main tunnel, 8 = emergency gallery, 9 = measuring chamber, 10 = extenso-meter, 11 = fixed anchor, 12 = zone of fine grained granite

Tunnel routier du St. Gotthard — essais préliminaires

A = Déplacements en fonction de l'avancement du tunnel routier B = Déplacements du point de mesure 1 en fonction du temps C = Dispositif d'essai avec valeurs limites des déplacements S^+ = Déplacement vers le tunnel principal, L = Avancement du tunnel par rapport au profil de mesure 2, T = temps en jours, 1 = valeurs mesurées, 2 = profil de mesure, 3 = point de mesure 1, 4 = point de mesure 4, 5 = mesure avant la volée, 6 = mesure après la volée, 7 = tunnel principal, 8 = chambre de mesure, 10 = extensomètre, 11 = ancre de mesure, 12 = zone de granite à grain menu

Ein weiteres spezielles Problem stellt sich bei der Durchörterung der Urseren-Mulde, wo im Bereich des Standfestigkeitsfalles 4 spezielle Vortriebsmethoden erforderlich werden.

3. Eisenbahn-Basistunnel

3.1 Situation

Der 49 km lange sogenannte Gotthard-Basistunnel wird wohl an der Gotthardbahnlinie liegen und dieselbe verkürzen, geographisch gesehen jedoch unter dem Lukmanier-Paß liegen (Abb. 10). Sein höchster Punkt liegt

Abb. 10. St.-Gotthard-Basistunnel
St. Gotthard railway basis tunnel
Tunnel ferroviaire de base du St. Gotthard

Basistunnel = Basis railway tunnel = Tunnel ferroviaire de base
Straßentunnel = Road tunnel = Tunnel routier
Bestehender Bahntunnel = Existing railway tunnel = Tunnel ferroviaire existant
Schacht = Shaft = Puits

auf etwa 500 m ü. M., somit fast 700 m tiefer als der jetzige Bahntunnel und der im Bau stehende Straßentunnel. Die Überlagerungshöhen werden daher bis 2500 m erreichen.

Der Tunnel soll für eine doppelspurige Linie mit vergrößertem Gleisabstand gebaut werden, der wegen der geplanten hohen Geschwindigkeiten erforderlich wird. Es ergibt sich somit ein Ausbruchquerschnitt von etwa 11 m Durchmesser. Parallel zum Haupttunnel soll ein Kabelstollen von etwa 4 m Durchmesser aufgefahren werden. Aus Termingründen sollten Tunnel und Stollen nach Möglichkeit mechanisch ausgebrochen werden.

Zur Verkürzung der Bauzeit sind Zwischenangriffe geplant, welche vom Fuße von drei bis zu 1400 m tiefen Vertikalschächten ausgehen sollen.

Keines der genannten Merkmale des Projektes ist an sich außergewöhnlich. Allein die Kombination derselben wirft verschiedene Fragen auf.

3.2 Geologie

Im großen gesehen zeigt das geologische Profil wiederum im Norden das Aaremassiv, in der Mitte das Gotthardmassiv, zwischen den beiden das sogenannte Tavetscher-Zwischenmassiv mit der Urseren-Gavera-Zone, während im Süden die Lepontische Gneismasse etwa ein Drittel der Tunnellänge einnimmt.

3.3 Aufstellen einer bautechnischen Prognose

Neben der geologischen ist die geotechnische Prognose überaus wichtig. Sie bildet den Ausgangspunkt für die Wahl der Baumethoden und das Aufstellen des Bauprogrammes und dient als Grundlage für den Kostenvoranschlag. Daß man dabei von der geologischen Beschreibung ausgehend über die Bestimmung oder die Schätzung von felsmechanischen Kennwerten und über ausgedehnte felsmechanische Berechnungen zu einer Prognose der Auskleidungsstärken und der möglichen Vortriebsmethoden kommen muß, dürfte verständlich sein. Die Arbeiten für das Aufstellen dieser Prognosen sind noch im Gange; die Beschreibung des eingeschlagenen Weges und einige erste, vorläufige Ergebnisse dürften von Interesse sein.

3.4 Gebirgstypen

Im jetzigen Stadium der Untersuchung ist eine gewisse Schematisierung der Verhältnisse sicher am Platz. Aus diesem Grunde wurde der Begriff der „Gebirgstypen" eingeführt und ihre Anzahl vorläufig auf fünf festgesetzt.

Felstyp	Plastische Zone C (t/m²)					Elastische Zone C (t/m²)				
	φ^0	C_1	C_2	C_3	E (t/m²)	φ^0	C_1	C_2	C_3	E (t/m²)
1	40	10	50	100	$2\cdot10^6$	45	20	70	130	$4\cdot10^6$
2	35	10	50	100	$2\cdot10^6$	40	20	70	130	$4\cdot10^6$
3	35	0	10	20	$2\cdot10^6$	40	10	20	35	$4\cdot10^6$
4	30	5	25	50	$1\cdot10^6$	35	15	40	70	$2\cdot10^6$
5	25	0	10	20	$0,5\cdot10^6$	30	10	20	35	$1\cdot10^6$

Abb. 11. Basistunnel — Die Gebirgstypen
φ = Reibungswinkel, C_1, C_2, C_3 = Verschiedene Annahmen für die Kohäsion
Basis tunnel — the rock types
φ = Angle of friction, C_1, C_2, C_3 = different hypothesis about the cohesion
Tunnel de base — les types de roches
φ = Angle de frottement, C_1, C_2, C_3 = diverses hypothèses pour la cohésion

Gebirgstyp = Rock type = Type de roche
Plastische Zone = Zone of rupture (plasticity) = Zone plastique
Elastische Zone = Elastic zone = Zone élastique

Diese Gebirgstypen stützen sich allein auf die Materialeigenschaften des Gebirges, d. h. vorwiegend auf Reibungswinkel und Kohäsion in den Bruchflächen sowie auf die Verformungsmoduli.

In Abb. 11 sind die fünf ausgewählten charakteristischen Gebirgstypen zusammengefaßt. Dabei sind spezielle Zonen, wie die Durchquerung von allfälligen „Triasmulden" in Rauhwacken und ähnlichen Gesteinen, vorderhand außer Betracht gelassen worden.

Gebirgstyp 1 entspricht dem besten Felsen, Typ 5 dem ungünstigsten. Für jeden Gebirgstyp sind Reibungswinkel sowohl in der Bruchzone als auch in der elastisch verbleibenden Zone aufgrund von Scherversuchen festgelegt worden. Ebenso sind Verformungsmoduli für beide Zonen gewählt worden. Was die Kohäsion betrifft, stehen vorderhand jeweils noch drei Werte zur Diskussion, welche zu verschiedenen Resultaten führen. Eine diesbezügliche Festlegung steht jedoch bevor.

In Zusammenarbeit mit den beauftragten Geologen ist durch Vergleiche mit bekannten Gebirgen jede Felszone einem dieser Gebirgstypen zugewiesen worden. Alsdann wurde für jede Annahme über die Gebirgseigenschaften die nötige Auskleidungsstärke berechnet sowie die mögliche Vortriebsart beurteilt.

3.5 Prognose für die Vortriebsart und die Auskleidung

In Abb. 12 ist ein Teil des Längenprofils mit den Ergebnissen der Berechnungen für den Seitenstollen bei verschiedenen Annahmen für die Gebirgstypen dargestellt. Dabei wurde auch die Größe der natürlichen horizontalen Spannungskomponente im ungestörten Gebirge variiert. Bei den drei ersten Annahmen ist die Seitendruckziffer zu 0,7, bei der vierten zu 1,5 angenommen worden. Die entsprechenden Berechnungen stehen für den Haupttunnel zur Zeit noch in Arbeit. Ebenso werden die Schächte sowie die Kavernen und Nischen auf diese Art untersucht werden.

4. Die Ausbruchklassen

4.1 Zusammenhänge

Im Gotthard-Straßentunnel werden die Leistungen der Unternehmung für den Ausbruch aufgrund von sogenannten *„Ausbruchklassen"* abgerechnet. Voraussichtlich wird eine ähnliche Methode auch für den Basistunnel angewendet werden.

Die Ausbruchklassen beziehen sich auf die für die Standfestigkeit des Profils erforderlichen Sicherungsmaßnahmen. Sie sollen den Schwierigkeitsgrad des Ausbruches wiedergeben. Es sind sechs Klassen — von I bis VI — gewählt worden, welche mit den klassischen Begriffen von „standfest", „gebräch", „druckhaft" und „schwimmend" nur zu einem geringen Maße übereinstimmen dürften.

Die durchgeführten Untersuchungen zeigen, daß es von großer Bedeutung ist, die drei Begriffe *Gebirgstyp, Standfestigkeitsfall* und *Ausbruchklasse* klar auseinanderzuhalten.

Der *Gebirgstyp* bezieht sich allein auf die materialtechnischen Eigenschaften des Felsens. Der *Standfestigkeitsfall* ist das Ergebnis des Zusammenspielens von Gebirgsqualität, natürlichem Spannungszustand und Profilgröße. Jeder Standfestigkeitsfall kann grundsätzlich bei jedem Gebirgstyp vorkommen. Die *Ausbruchklasse* soll hingegen die praktischen Schwierigkeiten für den Ausbruch erfassen und die gerechte Entschädigung für die geleisteten Aufwendungen ermöglichen.

Es besteht sicherlich eine gewisse, doch keine eindeutige Beziehung zwischen Standfestigkeitsfall und Ausbruchklasse; denn der Standfestigkeitsfall gestattet nur Aussagen über die Möglichkeit oder Unmöglichkeit bestimmter Gleichgewichtszustände. Er erlaubt an sich noch nicht, die im Spiele stehenden Kräfte und somit die erforderlichen Sicherheitsmaßnahmen und Auskleidungsstärken zu bestimmen. Hierzu sind die erwähnten Berechnungsverfahren anzuwenden.

Eine klare Definition dieser verschiedenen Begriffe sollte es gestatten, für den Basistunnel eine Ausschreibungsart zu finden, welche einen großen Teil der üblichen, wohlbekannten Schwierigkeiten zu vermeiden helfen sollte.

4.2 Der Bohrvortrieb

In den vorliegenden Betrachtungen ist die Frage eines allfälligen Bohrvortriebes rein vom Standpunkt der Stabilität des Gewölbes behandelt wor-

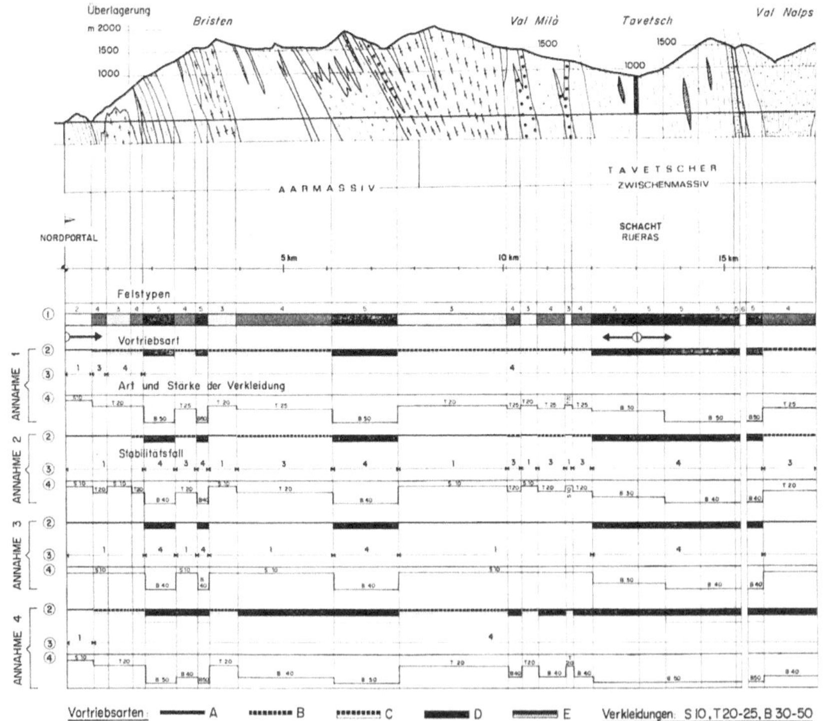

Abb. 12

den. Selbstverständlich laufen parallel dazu weitere Untersuchungen bezüglich der Bohrbarkeit des Gesteins, der möglichen Vortriebsleistungen und der entsprechenden Kosten. Die Entscheidung über den jeweiligen Einsatz von Vortriebsmaschinen wird sich letzten Endes aus diesen verschiedenen Überlegungen herleiten lassen.

Abb. 12. Seitenstollen zum Basistunnel
Ausschnitt aus der Prognose für die Verkleidung und die Vortriebsart

Lateral gallery of the basis tunnel
Forecast about necessary lining types and excavation methods (excerpt)

Galerie latérale du tunnel de base
Extrait des prévisions pour le revêtement et la méthode d'avancement

Überlagerung = Overburden = Recouvrement

Nordportal = North portal = Portail Nord

Schacht = Shaft = Puits

Gebirgstypen = Rock types = Types de roches

Vortriebsart = Method of excavation = Méthode d'avancement

Stabilitätsfall = Stability-case = Cas de stabilité

Art und Stärke der Verkleidung = Type and thickness of lining = Type et épaisseur du revêtement

Annahme 1, 2, 3, 4 (über die Felskohäsion und die Seitendruckziffer) = Hypothesis 1, 2, 3, 4 (about rock cohesion and lateral natural stress) = Hypothèses 1, 2, 3, 4 (sur la cohésion et le coefficient de poussée latérale)

Vortriebsarten: A) Normale Vortriebsmaschine, B) Vortriebsmaschine mit Stützung der Brust, C) Schildvortrieb, D) Konventioneller Vortrieb, E) Zusätzlicher Abbau

Methods of excavation: A) normal tunelling machines, B) tunelling machines supporting the face, C) shield-method, D) excavation by conventional means, E) excavation with a larger cross section

Méthodes d'avancement: A) fraise mécanique normale, B) fraise mécanique avec appuis du front de taille, C) avancement au bouclier, D) avancement avec les moyens traditionnels, E) excavation à section augmentée

Verkleidungen: S 10 = Spritzbeton 10 cm, T 20 = 20 cm dicke Tübbinge, B 30 = 30 cm dicker Betonring

Linings: S 10 = 10 cm thick gunite layer, T 20 = 20 cm thick segments, B 30 = 30 cm thick concrete ring

Revêtements: S 10 = 10 cm de béton projeté, T 20 = voussoirs de 20 cm, B 30 = anneau de béton de 30 cm

5. Zusammenfassung

Die am Gotthard zur Anwendung kommenden Betrachtungsweisen bzw. Lösungsversuche sind kurz zusammengefaßt worden. Die sich stellenden felsmechanischen Probleme erlangen wegen der Abmessungen der Bauobjekte eine sehr große wirtschaftliche Bedeutung.

Anschrift des Verfassers: Giovanni L o m b a r d i, Ing. civ. dipl. ETH/SIA/OTIA, Dott. sc. techn. ETH, Via A. Ciseri 3, CH-6601 Locarno, Schweiz.

Rock Mechanics, Suppl. 3, 131—142 (1974)

Bestimmung der zulässigen Ladung bei Ausbrüchen in der Nähe von Tunneln

Von

Arnošt Dvořák

Mit 10 Abbildungen

Zusammenfassung — Summary

Bestimmung der zulässigen Ladung bei Ausbrüchen in der Nähe von Tunneln. Bei Sprengungen an der Tagesoberfläche oder in einem Tunnel ist es nötig, die Ladungen so zu bestimmen, daß in einem naheliegenden Stollen oder Tunnel keine Beschädigungen entstehen. Bei unterirdischen Hohlräumen kann das übliche Verfahren für die Berechnung der zulässigen Ladung nicht angewandt werden, weshalb für diese Fälle eine zweckmäßige Methode ausgearbeitet wurde. Zwei Probleme werden betrachtet: Sprengungen in einer offenen Baugrube und Vortrieb eines Tunnels, beide in geringer Entfernung von einem anderen Tunnel oder Stollen. Es werden Angaben gemacht zur Bestimmung der Zonen, in denen der Tunnel in verschiedenem Grade beschädigt werden kann. Die Zuverlässigkeit der Berechnungen wurde durch Kontrollmessungen der seismischen Wirkungen sowie durch Beobachtungen bestätigt.

Determination of Allowable Explosive Charges in the Proximity of Tunnels. The explosive charges for blasting on the earth's surface or in a tunnel should be chosen so as not to damage an adjacent tunnel or gallery. As in underground openings a current proceeding for the calculation of the permissible charge cannot be applied, a suitable method has been established for this purpose. Two problems were considered: Blasting in an open excavation pit and driving of a tunnel, both close to another tunnel or gallery. Necessary data are given for the determination of zones within which a certain degree of damage to a tunnel can be expected. The reliability of the calculated values was verified by control measurements of seismic effects and further observations.

1. Einleitung

Beim Bau einer Talsperre wurden zuerst die zur Überführung des Flusses dienenden Umlauftunnel errichtet. Danach mußte die Baugrube der Sperrmauer im aus Amphibolit und Granulit bestehenden Felsuntergrund so tief ausgebrochen werden, daß sich der Aushub bis auf etwa 7 m den Tunneln näherte. Es entstand deshalb die Aufgabe, für verschiedene Entfernungen die Ladungsmenge so zu bestimmen, daß die Tunnel nicht beschädigt wurden. Noch bevor die Berechnungen und eine Bestätigungsmessung abgeschlossen werden konnten, entstand in einem Tunnel ein Einbruch, und zwar in jenem Abschnitt, in dem der Fels tektonisch zerstört und zu Chloritschiefer von unbeträchtlicher Festigkeit metamorphosiert war (Abb. 1). Die etwa 80 m entfernte Sprengstoffladung war auf 10 Bohrungen verteilt und gleichzeitig gezündet worden. Wie sich aus den vorläufigen Berechnungen ergab, wurde der Einbruch größtenteils nicht durch die Sprengung selbst verursacht, sondern muß eher als Konsequenz des ungünstigen Zustandes der Tunnelverkleidung betrachtet werden. Dabei konnte freilich die Sprengung einen Impuls zur Bewegung des Felsmassives geben. Diese Ansicht des Verfassers wurde später durch Messungen der Auswirkungen von Sprengungen sowohl auf Tunnel als auch auf die Massivoberfläche bestätigt. Die hierbei verwendete Ladung war zwar größer (210 kg), wurde jedoch auf 18 Bohrungen verteilt

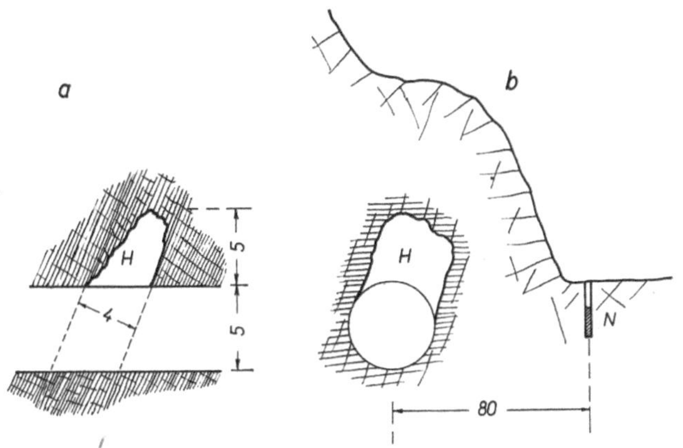

Abb. 1. Einbruch H im Umlauftunnel
a Längsschnitt, *b* Querschnitt, N Sprengladung, Abmessungen in m
Caving H in a by-pass tunnel
a longitudinal section, *b* transversal section, N explosive charge. Dimensions in m

und mit Zeitstufen gezündet. Die Teilladung in einer Zeitstufe betrug 23 kg. In Abb. 2 sind die in einer Entfernung von 110 m und 150 m aufgenommenen Vibrogramme wiedergegeben. Die Intensität der Erschütterungen war im Tunnel kleiner als an der Tagesoberfläche und ihre Einflüsse waren unschädlich. Durch Umrechnung ergibt sich für die mit dem Einbruch zusammenhängende Sprengung eine Schwinggeschwindigkeit von 70 mm^{-1} und eine Beschleunigung von 1,5 g als Scheitelwert. Mit diesen Werten konnte die Sprengung zwar zum Bruch beitragen, kann aber, wie im Folgenden noch näher erläutert wird, nicht als die eigentliche Ursache des Einbruches betrachtet werden.

2. Zerstörung des Felsmassivs bei einer Sprengung

Aus einer Reihe von Forschungen auf diesem Gebiete werden hier einige weniger bekannte Erkenntnisse aus der Sowjetunion angeführt: Bei einer Sprengung entsteht im Herde ein Druck bis zu 10^5 bar, der sehr rasch, und zwar in einem umgekehrten Verhältnis zur 9. Potenz des Halbmessers, bis auf 2000 bar abnimmt. Eine weitere Verminderung des Druckes verläuft nach der Adiabate im umgekehrten Verhältnis zur 4. Potenz des Halbmessers bis auf 1 bar.

Aus den Berechnungen und Versuchen, die aufgrund der thermodynamischen Ähnlichkeit durchgeführt wurden, ergaben sich nach Pokrovskij[1]

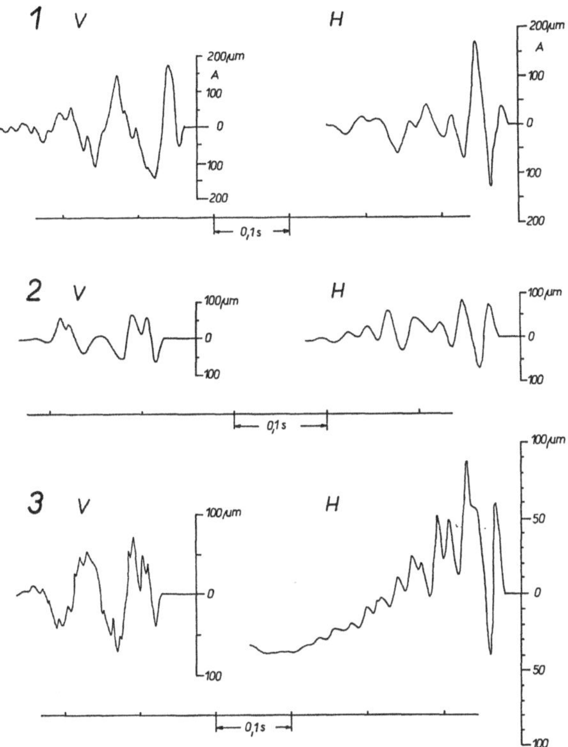

Abb. 2. Vibrogramme, gemessen nach der Zündung einer Ladung von 210 kg
V vertikale, H horizontale Komponente. Tagesoberfläche: Entfernung 110 m — 1, 150 m — 3.
Tunnel: Entfernung 110 m — 2. A Ausschlagsamplitude

Vibrograms from the measurement of seismic effects of the explosion of a 210 kg charge
Component V — vertical, H — horizontal. Earth's surface at a distance of 110 m — 1, 150 m —
3. Tunnel at a distance of 110 m — 2. A — displacement amplitude

einige Zusammenhänge, z. B. für den zeitlichen Verlauf der von der Druckwelle im Felsmassiv verursachten Spannung oder für die Abnahme der Spannungen mit dem Abstand. In Abb. 3 ist die Abnahme der Radialspannung σ_r in Abhängigkeit von dem als Vielfaches des Ladungshalbmessers r_0 angegebenen Abstand dargestellt, und zwar sowohl für eine gestreckte (a) als auch für eine konzentrierte Ladung (b). Die Spannung vermindert sich bei der konzentrierten Ladung schneller als bei der gestreckten. Es muß dabei freilich berücksichtigt werden, daß die gestreckte Ladung bei demselben Halbmesser ein etwa zehnfaches Volumen besitzt, so daß sie einen gleichwertigen Effekt wie eine konzentrierte Ladung in einer etwa dreifachen Entfernung hervorruft.

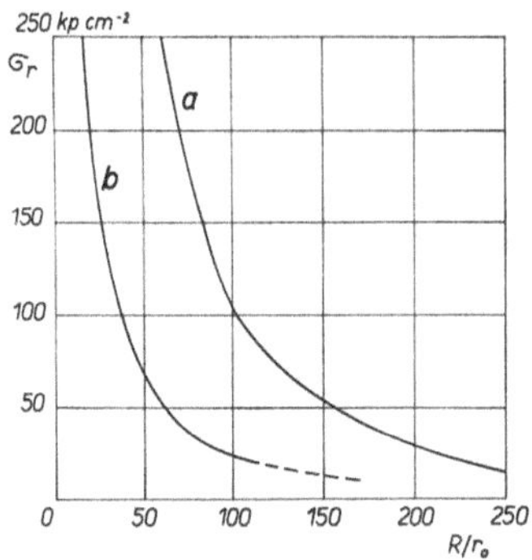

Abb. 3. Abnahme der durch eine Sprengung hervorgerufenen Radialspannung σ_r in Abhängigkeit von der bezogenen Entfernung R/r_0

a — gestreckte, b — konzentrierte Ladung

Decrease of the radial component of tension σ_r due to blasting, in relation to the relative distance R/r_0. a — column charge, b — concentrated charge

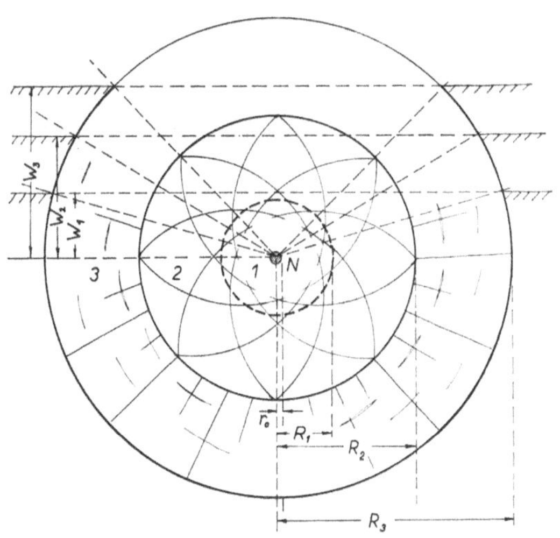

Abb. 4. Zerstörungszonen infolge einer Sprengung

N Ladung, 1 Kesselhöhle, 2 Zermürbungszone, 3 zerrissene Zone. Vorgaben: W_1 kleine, W_2 mittelmäßige, W_3 große Ladung

Zones of disturbance caused by blasting

N explosive charge, 1 cavity, 2 zone of crushing, 3 zone of cracking. The burden W is drawn for a charge: W_1 small, W_2 medium, W_3 big

Bei der Bestimmung des Umfanges der Zerstörung in einem Felsmassiv geht man vom Ladungshalbmesser r_0 aus (Abb. 4). Der Halbmesser des Kessels nach der Explosion beträgt z. B. für die konzentrierte Ladung $R_1 = 8\,r_0$ bis $R_1 = 9\,r_0$. Außerdem benützt man die Formel für das Gewicht der Ladung N, bei einer Vorgabe W, einem Ausrißfaktor n und dem Volumengewicht des Felsmassivs γ

$$N = \frac{\gamma\,W^{2/7}\,(1+n^2)^2}{28\,000}.$$

Auf die Kesselhöhle (1) in Abb. 4 folgt die Zone der plastischen Deformationen (2), wo der Fels ganz zerbrochen und mit zahlreichen Scherflächen durchsetzt ist. In dieser Zone, deren Halbmesser R_2 ungefähr dem des Auswurftrichters R bei der Sprengung entspricht, bewegen sich die Massenteilchen ohne jeglichen Zusammenhang wie eine zusammengedrückte Flüssigkeit. Der Radius dieser Zone R_2 ist bei einer konzentrierten Ladung etwa 20 bis 25mal größer als ihr Halbmesser r_0 und kann auch aus der Formel

$$R_2 = 19\,r_0\,(7200\,c/\sigma_D)^{1/3}$$

berechnet werden, wobei c die Ausbreitungsgeschwindigkeit der longitudinalen elastischen Wellen und σ_D die Druckfestigkeit des Felsens bedeuten.

Die nächste Zone (3) ist das Gebiet, in dem sich der Einfluß der Zugwelle äußert. Diese verläuft nach der Reflexion der Druckwelle in umgekehrter Richtung in das Innere und zerstört den Fels durch Zugrisse in radialer sowie tangentialer Richtung. Der Halbmesser dieser Zone R_3 wird mit

$$R_3 = R_2\,(\sigma_D/\sigma_Z)^{1/3}$$

angegeben, wobei σ_Z die Zugfestigkeit des Gesteins ist. In mittelhartem Fels ergibt sich für eine konzentrierte Ladung $R_3 = 40\,r_0$ bis $R_3 = 80\,r_0$.

Bei gestreckten Ladungen ist analog $R_2 = 50\,r_0$ bis $R_2 = 70\,r_0$ und $R_3 = 100\,r_0$ bis $R_3 = 200\,r_0$.

Aus den Berechnungen ergibt sich die Erkenntnis, daß die Formel für das Gewicht der Ladung nur eine beschränkte Gültigkeit besitzt. Das nötige Ladungsgewicht steht im umgekehrten Verhältnis zur Potenz $m^{2/3}$ des Faktors $m = R_2/r_0$. Bei sehr großen Ladungen über 1000 Tonnen ist deshalb das ausgerissene Volumen (Auswurftrichter) verhältnismäßig kleiner. In Abb. 4 sind der Ausriß, die Zone der Auflockerung und die Vorgabe für ganz kleine (W_1), mittlere (übliche, W_2) und große Ladungen (W_3) dargestellt.

Zur Zerstörung eines Felsens trägt die in einiger Entfernung von der Ladung durch Reflexion entstandene Zugwelle wesentlich mehr bei als die Druckwelle, was am meisten in der Nähe freier Oberflächen des Felsmassivs zum Ausdruck kommt. In Abb. 5 ist die Zugwelle entsprechend den Gesetzen der geometrischen Optik so dargestellt, als ob diese von einer „scheinbaren Ladung" (N') ausgehen würde. Diese scheinbare Ladung liegt symmetrisch zur wirklichen Ladung, wobei die Felsoberfläche die Symmetrieebene bildet. Der Halbmesser der Zerstörungszone R, der z. B. nach der üblichen Formel $R = k\,N^{1/3}$ berechnet werden kann, bestimmt im wesentlichen den Umfang des Ausrisses in der Form einer Kugelkalotte bei einer konzentrierten Ladung oder einer ungefähr zylindrischen Kalotte bei einer gestreckten Ladung (Abb. 5).

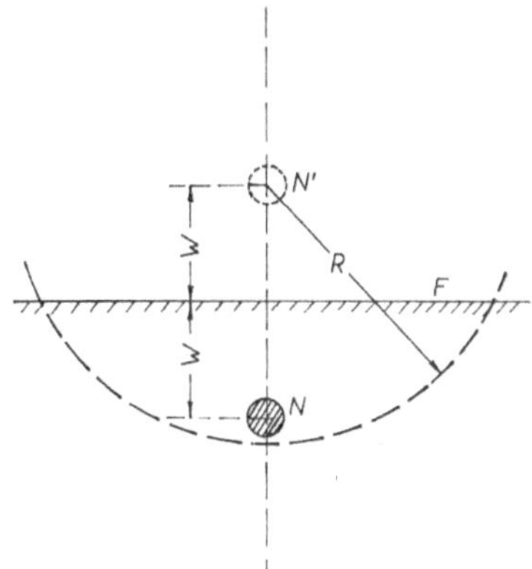

Abb. 5. Auswurftrichter, mit Hilfe der scheinbaren Ladung N' dargestellt
R Zerstörungshalbmesser, F freie Fläche

Crater, drawn by using the apparent charge N'
R Radius of the crater, F free surface

Die Gesetzmäßigkeit, nach der in Felsmassiven Risse durch Einwirkung einer Zugwelle entstehen, wurde schon von M ü l l e r[3] anschaulich erklärt.

3. Zerstörung des Felsmassivs bei Sprengungen in der Nähe eines unterirdischen Hohlraumes

Die Verhältnisse bei Sprengarbeiten in der Nähe eines unterirdischen Hohlraumes sind andere als bei einem Felsmassiv mit einer freien Tagesoberfläche. Es könnte vielleicht auf den ersten Blick als möglich angesehen werden, ein ähnliches Verfahren wie bei einem Felsmassiv mit freier Oberfläche auch hier anzuwenden und nach Abb. 6 im unterirdischen Raum den Teil der zerstörten Masse mit einer kugelförmigen oder zylindrischen Fläche zu begrenzen, deren Mittelpunkt oder Achse im Schwerpunkt der scheinbaren Ladung liegt. Die Beobachtungen zeigen jedoch, daß der Bereich der Zerstörungen des Felsens an den Innenwänden des Hohlraumes größer ist, als es diesem Verfahren entsprechen würde. Sobald die Mächtigkeit D des Massivs zwischen der Ladung und der Hohlraumwand kleiner ist als der doppelte Halbmesser R_2 der zerdrückten Zone oder der zerrissenen Zone R_3, d. h. $d < D/2$, dann wird sich die betreffende Störung auch auf der Hohlraumwand im Sinne der Abb. 7 äußern. Die Verhältnisse können analog wie an der freien Tagesoberfläche dargestellt werden, jedoch liegt der Mittelpunkt der scheinbaren Ladung im Abstand $D^+ \approx D/2$ von der inneren freien Fläche.

Diese Erscheinung kann auch auf eine andere Weise erklärt werden, und zwar durch die Einwirkung der durch den Abprall der Druckwelle an der inneren freien Fläche hervorgerufenen Zugwelle. Befindet sich die Ladung gemäß Abb. 8 in einer beträchtlichen Tiefe unterhalb der Massivoberfläche, dann handelt es sich um eine Erschütterungsladung, bei der an der freien Fläche kein Auswurftrichter, sondern nur Risse entstehen. Diese Risse haben

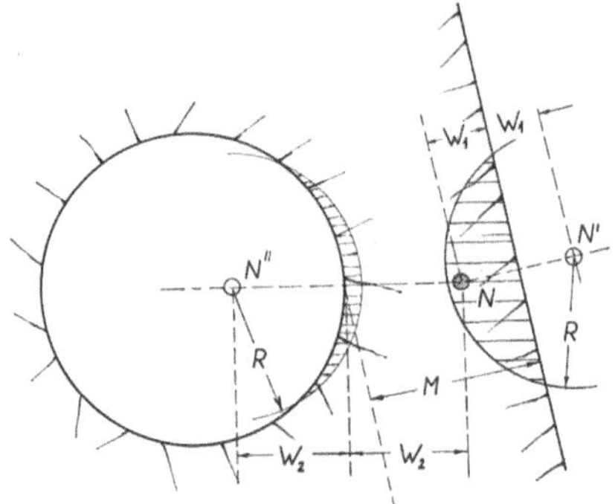

Abb. 6. Zerstörungszonen infolge Sprengladung N, mit Hilfe der scheinbaren Ladungen dargestellt
N' an der Tagesoberfläche, N'' im unterirdischen Hohlraum (Tunnel)

Zones of disturbance from explosion of the charge N, drawn by using the apparent charges:
N' at the earth's surface, N'' in an underground opening

jedoch nach Abb. 8 einen anderen Verlauf als innerhalb der zerrissenen Zone (3) in der Umgebung der Ladung und erscheinen auch, wenn die Vorgabe $W > R_3$ ist. Da sich an der freien Fläche der Widerstand gegen die Ausbreitung der Druckwelle stark vermindert, vergrößern sich die Ausschläge in der

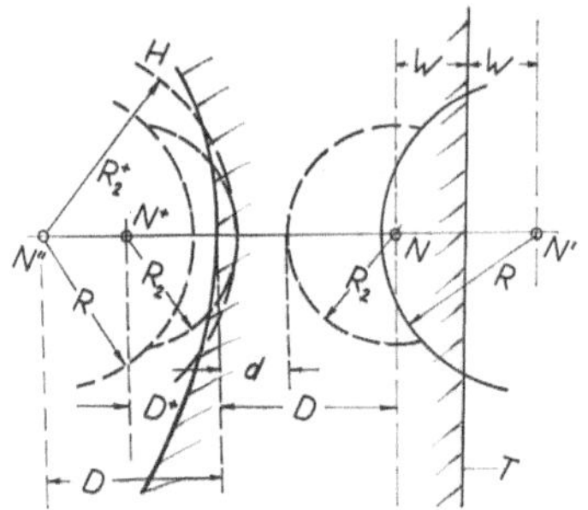

Abb. 7. Darstellung der zerrissenen Zone im Hohlraum H durch scheinbare Ladungen:
N^+ mit dem Halbmesser R_2 oder N'' mit dem Halbmesser R_2^+. T — Tagesoberfläche

Localization of the cracked zone in an underground opening, using the apparent charges N^+
with radius R_2 or N'' with radius R_2^+. T — earth's surface

lotrechten Richtung zur Oberfläche, und diese Bewegung wird als die abgeprallte Zugwelle in das Innere des Massivs fortgepflanzt. Deshalb sind auch die vom Mittelpunkt der scheinbaren Ladung ausgehenden Zerstörungshalbmesser R_2^+ und R_3^+ beträchtlich größer als R_2 oder R_3. Näherungsweise kann $R_2^+ = 2\,R_2$ und $R_3^+ = 2\,R_3$ angenommen werden. Die in der Nähe der freien Fläche entstandenen Risse haben eine auf die Ausbreitungsstrahlen der Zugwelle lotrechte Richtung, wodurch sie sich von dem Netz der Risse in der Umgebung der Ladung innerhalb des Massivs unterscheiden.

Wenn die Mächtigkeit D des Felsmassivs zwischen der Ladung und der freien Wand gerade ein ganzes Vielfaches der Viertelwelle beträgt, die sich als eine Druck-, Zug- oder elastische Welle im Felsmassiv ausbreitet, dann können die Einwirkungen durch Resonanz vergrößert werden.

Werden diese Erkenntnisse auf den oben angeführten Fall des Tunneleinbruches angewandt, so ergibt sich als Schlußfolgerung, daß die Zerstörung

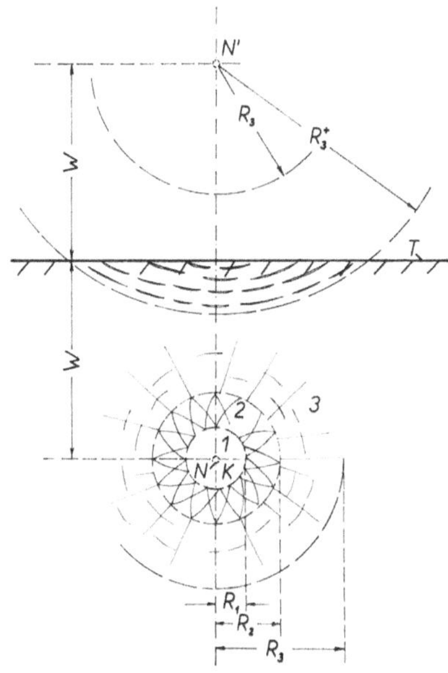

Abb. 8. Störungszonen, die durch eine tiefliegende Erschütterungsladung N hervorgerufen wurden: K Kaverne (Zone 1), 2 Zermürbungszone, 3 zerrissene Zone mit dem Halbmesser R_3. W Vorgabe, N' scheinbare Ladung mit dem Halbmesser der zerrissenen Zone R_3^+. T — Tagesoberfläche

Disturbance of the rock mass by the effect of an overstemmed charge N. K cavity (zone 1), 2 zone of crushing, 3 zone of cracking with radius R_3. W burden, N' apparent charge with the radius of cracking zone R_3^+. T — earth's surface

durch Einwirkung der Sprengung allein nicht enstehen konnte, falls sich das Innere und die Verkleidung des Tunnels nicht in einem Havariezustand befanden.

Die angegebenen Beziehungen wurden weiters an zwei parallelen Stollen, die in ordovizischen Grauwackeschiefern lotrecht auf die Schichten ausgebrochen wurden, bestätigt. Bei Sprengungen an der Brust des Stollens I wurden die Einwirkungen im schon früher ausgebrochenen Stollen II gemessen und beobachtet. Die Ausmaße sind aus Abb. 9 ersichtlich. Die Ladungen in jeder der 16 Bohrungen betrugen 1,5 bis 2 kg und wurden mittels einer Zündschnur zur Explosion gebracht, so daß 2 bis 3 Ladungen gleichzeitig explo

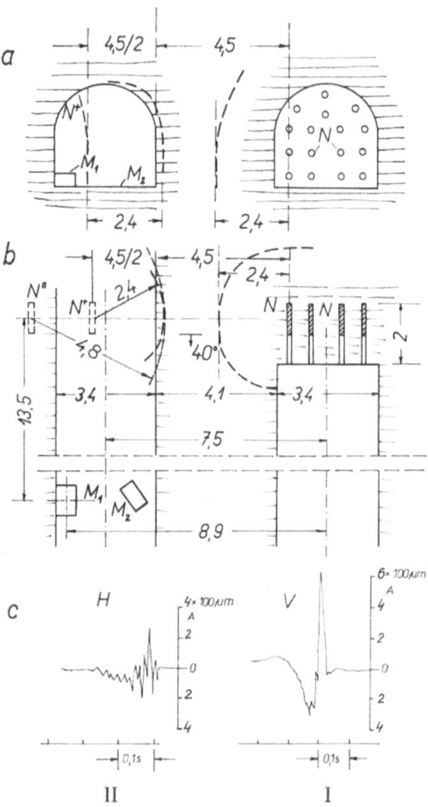

Abb. 9. Beobachtete Wirkungen einer Sprengung im Stollen I auf Stollen II
a Querschnitt, *b* Lageplan, *c* Vibrogramme der *V* vertikalen, *H* horizontalen Komponente, *N* Sprengstoffladung. N^+, N'' scheinbare Ladungen, M_1, M_2 Beobachtungspunkte beim Messen, *A* Ausschlagsamplitude. Längen in m

Observation of blasting effects in gallery II due to blasting in gallery I
a transversal section, *b* plane, *c* vibrograms with components: *V* vertical, *H* horizontal. *N* charge. N^+, N'' apparent charges. M_1, M_2 observation standpoints, *A* displacement amplitude. Dimensions in m

dieren konnten. Die Gesamtladung betrug 30 kg. Bei der Sprengung im Stollen I entstanden im Stollen II kleine Felsablösungen. Die seismischen Einflüsse wurden in einer etwas größeren Entfernung auf den Standpunkten M_1 und M_2 gemessen; die Vibrogramme sind in Abb. 9 wiedergegeben. Die räumliche Schwinggeschwindigkeit *v* betrug 110 mms^{-1}, die Beschleunigung *a* bis 4,3 g. Die Umrechnung auf die Stelle der kleinsten Entfernung von der Sprengung gibt $v = 365$ mms^{-1} und $a = 14{,}3$ g als Scheitelwerte. Aus Abb. 9

ist ersichtlich, daß die inneren Wände des Stollens II im Bereich der Zone 2 liegen, so daß man hier mit Felsablösungen auch im provisorisch verkleideten Stollen rechnen muß. Die scheinbare Ladung kann entweder als N^+ mit $R_2 = 2{,}4$ m oder als N'' mit $R_2{}^+ = 4{,}8$ m dargestellt werden.

Der Verfasser hat weiters versucht, die oben angeführten Berechnungen mit einigen schon früher veröffentlichten Angaben, z. B. von Müller[2] und Makovec[4], zu vergleichen. Makovec erwähnt die Zerstörung von Fels im Baugrund einer Talsperre bis zur Tiefe von 2 bis 5 m. Das Landungsgewicht ist nicht angegeben, aber wir können voraussetzen, daß gestreckte Ladungen von höchstens 1 kg mit einem Durchmesser von etwa 40 mm (d. h. $r_0 = 20$ mm) angewendet wurden, so daß sich aus unseren Formeln $R_3 = 100 \times 0{,}02 = 2$ m bis $R_3 = 4$ m ergibt.

Müller erwähnt ein Beispiel aus Japan, wo es bei einer Kammerladung von 315 kg mit einer Vorgabe von $W = 13$ m, also bei einer sehr guten Verdämmung, zum Einbruch des 5 m hinter der Kammer liegenden Stollens sowie zum Entstehen von bedeutenden Rissen in einer Entfernung von 15 m

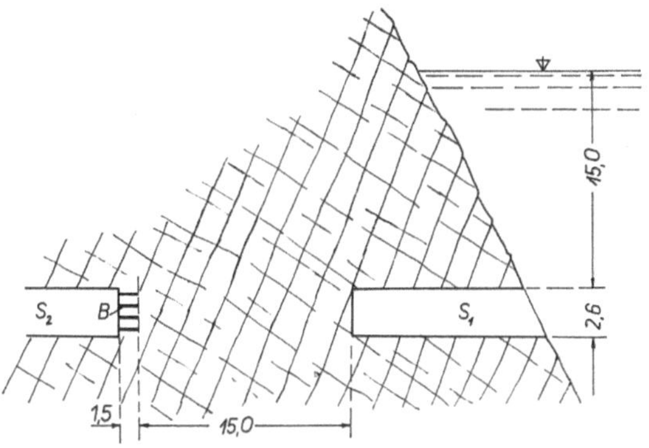

Abb. 10. Vortrieb eines Wasserleitungsstollens zu einer teilweise gefüllten Talsperre

S_1 bestehender Stollen, S_2 neu ausgebrochener Stollen, B Brust mit Sprengladungen. Die Schicht- und Trennungsflächen sind eingezeichnet. Längen in m

Driving of a water-supply gallery in the direction to a semi-filled water-reservoir

S_1 existing part of the gallery, S_2 gallery in construction, B face with charges. Dimensions in m. Bedding planes and joints are also shown in the figure

gekommen ist. Für eine ungefähr kugelförmige Ladung ergibt sich $r_0 = 0{,}053 \, N^{1/3} = 0{,}36$ m. Nach den Angaben im Abschnitt 2 und nach der Tabelle in den Schlußfolgerungen ist $R_2{}^+ \approx 1{,}5 \, R_2 = 1{,}5 \times 20 \times r_0 = 30 \times 0{,}36 = 10{,}8$ m. Der Stollen befand sich also in dem der Zermürbungszone entsprechenden Gebiet. Weiterhin ist der Radius der zerrissenen Zone $R_3{}^+ \approx 1{,}5 \, R_3 = 1{,}5 \times 40 \times r_0 = 60 \times 0{,}36 = 21{,}6$ m, so daß in einer Entfernung von 15 m bedeutende Risse entstehen konnten und die Berechnung in einem befriedigenden Einklang mit dem Beispiel steht.

Es soll noch eine Erfahrung angeführt werden, laut welcher der Einfluß einer Sprengung im Stollen auf die Wasserdichtheit des Felsmassivs praktisch geprüft wurde. Der Stollen wurde in Richtung auf eine teilweise gefüllte Talsperre in einer Tiefe von 16 m unter dem Wasserspiegel vorgetrieben. Da die Zeitperiode des Durchbruches, während der das Wasserbecken geleert werden mußte, so kurz wie möglich sein sollte, näherte man sich mit dem Ausbruch bis auf 15 m der Brust des von der Wasserseite schon früher vorgetriebenen Stollenteiles (Abb. 10). Der Ausbruch wurde in Kulmscher Grauwacke ausgeführt; die Ladungen in einer Bohrung betrugen etwa 1 kg bei 12 kg Gesamtladung und wurden mittels Zündschnüren zur Explosion gebracht. Bei Berücksichtigung der Lagerungsverhältnisse ergab sich eine nur 12 m dicke Scheidewand zum Wasser. Der Verlauf der Schicht- und Haupttrennungsflächen war jedoch günstig genug, so daß der Stollen nach der letzten Sprengung vollkommen trocken blieb, obwohl der Wasserdruck 1,65 bar betrug.

4. Schlußfolgerungen

Bei den im Abschnitt 3 angeführten zwei parallelen Stollen handelte es sich um einen mittelmäßig zerklüfteten Fels mit einem Koeffizienten der Volumenauflockerung $V_k \approx 4\,^0/_0$. Für einige andere Auflockerungskoeffizienten V_k ist das Verhältnis $\eta = R_i^+/R_i$ der Halbmesser R_1 bis R_3 der folgenden Tabelle zu entnehmen.

V_k (%)	$\eta = R_i^+/R_i$
1	1,5
1 bis 5	1,5 bis 2
5 bis 10	2 bis 3

Durch zweckmäßig gewählte Zündverzögerungen können die ungünstigen Einwirkungen bedeutend vermindert werden. Den größten Einfluß auf die Zerstörung haben Kluftscharen, die zu freien Flächen oder Richtung gestreckter Ladungen und Bohrungen parallel sind. Bankung und Schieferung haben einen ähnlichen Einfluß wie Klüfte.

Bei Bauarbeiten in Gebieten, wo in geringer Tiefe Fels ansteht, namentlich in Städten, hat man mit ähnlichen Problemen viel zu tun. Es kommt z. B. vor, daß sich der Ausbruch einer Baugrube in Quarziten dem Gewölbe eines Eisenbahntunnels nähert oder daß der Tunnel einer U-Bahn mit Sprengungen knapp unterhalb eines anderen Tunnels durchgeführt werden muß.

Literatur

[1] Pokrovskij, G. I., und I. S. Fedorov: Dejstvije udara i vzryva v deformirujemych sredach. Moskva 1957.

[2] Müller, L.: Beeinflussung der Gebirgsfestigkeit durch Sprengarbeiten. Felsmech. u. Ingenieurgeol., Suppl. 1, 1964.

[3] Müller, L.: Der Felsbau. Stuttgart 1963, Enke.

[4] Makovec, F.: Das Ausmaß der Felsauflockerung bei Sprengarbeiten. Geol. u. Bauw. Jg. 28, H. 1, 1962.

[5] Pacher, F.: Kennziffern des Flächengefüges. Geol. u. Bauw., Jg. 24, H. 3/4, 1959.

Anschrift des Verfassers: Ing. Dr. Arnošt Dvořák, Wolkerova 1, CS-16000 Praha 6, Bubeneč, ČSSR.

Rock Mechanics, Suppl. 3, 143—166 (1974)

Vergleich von Statik, Spannungsoptik und Messungen beim Bau der Kaverne Waldeck II

Von

K. H. Abraham, St. Barth, F. Bräutigam, A. Hereth, L. Müller-Salzburg, A. Pahl und O.-J. Rescher

Mit 21 Abbildungen

Zusammenfassung — Summary — Résumé

Vergleich von Statik, Spannungsoptik und Messungen beim Bau der Kaverne Waldeck II. Die Maschinenkaverne Waldeck II wurde als elliptischer Querschnitt von 54 m Höhe und 33,5 m Breite im Rheinischen Schiefergebirge nach dem Prinzip der „Neuen österreichischen Bauweise" hergestellt. Der Hohlraum wurde nur mit Spritzbeton, kurzen vorgespannten Primärankern und 27 m langen Bündelankern mit 132 Mp Vorspannkraft unter Verzicht auf eine starre Schale gesichert.

Anstelle einer vorausgehenden statischen Berechnung erfolgten Spannungsanalysen mit Hilfe der finiten Elemente und spannungsoptischer Modelle verfeinerter Art.

Der Vergleich der Ergebnisse mit den Beobachtungen der Deformationen während des Bauablaufes und danach ergab erheblich geringere Werte am Bauwerk. Die Voraussetzungen für die statischen Analysen und die Ursachen für die Unterschreitungen der errechneten Deformationswerte werden besprochen.

Comparison of Results from Stress Analysis, Photoelastic Models and in-situ Measurements during Excavation of the Waldeck II Cavern. The Waldeck II machine hall cavern — which has an elliptical cross-section of 54 m in height and 33,5 m in width — was excavated in the "Rheinisches Schiefergebirge" by use of the "New Austrian Method" of cavern construction. According to this method stability was achieved by the use of shotcrete, short prestressed primary rock bolts and prestressed multiple 132 Mp rock anchors of 27 m in length rather than by the use of a rigid concrete shell as support.

Instead of an analytical solution to the problem of support-design for this construction, stress analysis was carried out using a finite element method and refined photoelastic models.

Comparison of in-situ deformations measured during and after construction and the values predicted by stress analysis revealed that actual deformation was for less than expected. The present article deals with the employed methods of stress analysis and discusses the causes of the lower than expected values of measured in situ deformations.

Comparaison entre la statique, la photo-élasticité et les mesurages lors de la construction de la salle souterraine Waldeck II. La salle souterraine Waldeck II d'une section elliptique avec une hauteur de 54 m pour une largeur de 33,5 m a été réalisée dans le massif schisteux rhénan suivant la "nouvelle méthode autrichienne". Délaissant la réalisation d'une maçonnerie rigide, on a opté pour un revêtement en béton projeté associé à des boulons d'ancrage courts précontraints et des boulons d'ancrage multiples précontraints de 27 m de long avec un effort de précontrainte de 132 tonnes.

Au lieu d'un calcul statique préliminaire, l'analyse des tensions a été effectuée au moyen des éléments finis et de maquettes photo-élastiques finement élaborées.

En comparant les résultats de calcul avec les déformations observées pendant et après les travaux, c'est avéré que les déformations de l'ouvrage étaient bien plus petites que celles de calcul. Les conditions des analyses statiques et les causes qui ont faites que les déformations sont inférieures à celles calculées sont l'objet d'étude.

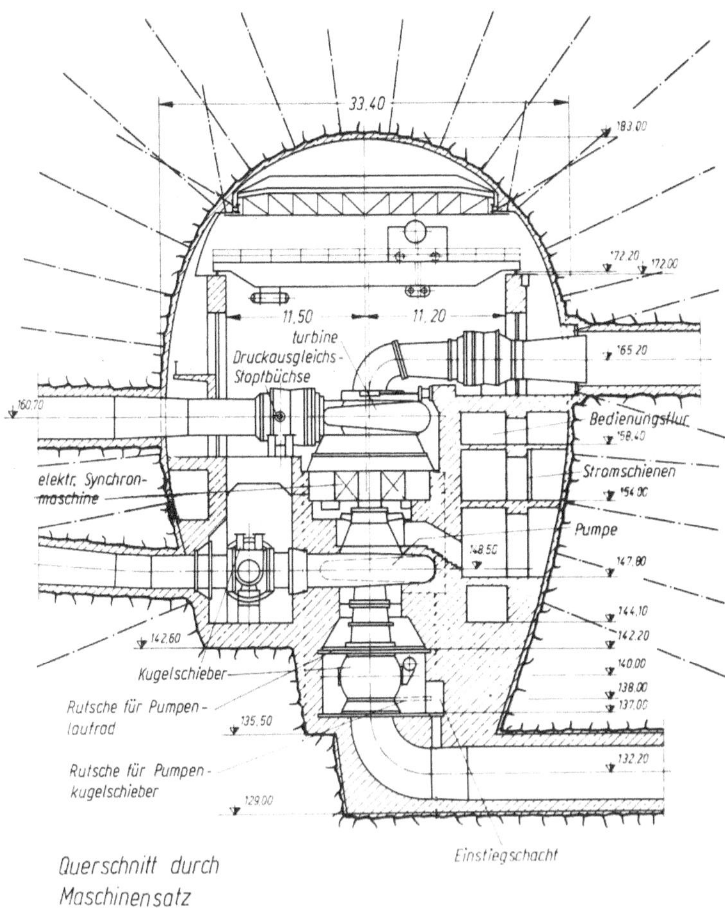

Abb. 1. Vollausbruch der Kaverne Waldeck II mit Sicherung

Full-section excavation for Waldeck II cavern showing supporting scheme

Excavation de la salle souterraine Waldeck II et consolidation

1. Einleitung

Die felsbaulichen Arbeiten für die Krafthauskaverne des Pumpspeicherwerkes Waldeck II wurden zu Beginn dieses Jahres abgeschlossen. Im geomechanischen Colloquium des Vorjahres haben Herr Dr. R e s c h e r über die spannungsoptischen Versuche und Herr Dr. B a u d e n d i s t e l über die felsstatischen Berechnungen für dieses Kavernenbauwerk berichtet. Die Kaverne wird zwei Maschinensätze zu je 220 MW des Pumpspeicherkraftwerks und die

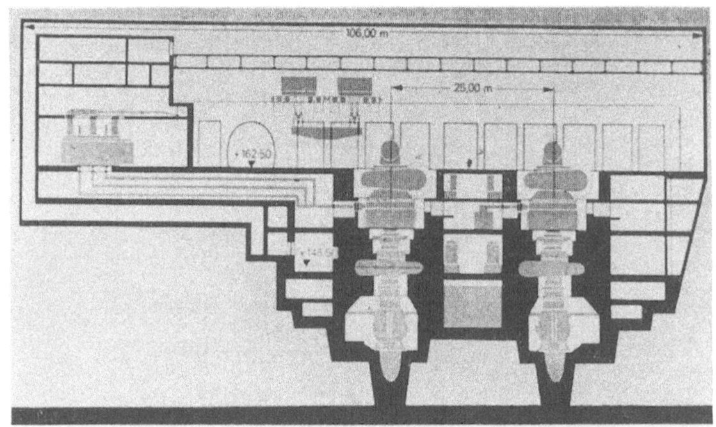

Abb. 2. Längsschnitt durch Maschinenkaverne
Turbinenleistung 239 000 kW; Pumpenleistung 234 000 kW; Leistung der elektrischen Maschine
266 000 kVA

Longitudinal section of the machine hall cavern
Turbine capacity 239,000 kW, pump capacity 234,000 kW, rating of the electric generators
266,000 kVA

Coupe longitudinale de la salle souterraine
Puissance de la turbine 239 000 kW; puissance de la pompe 234 000 kW; puissance de la
machine électrique 266 000 kVA

dazugehörigen Blocktransformatoren aufnehmen. Ihre Spannweite beträgt 33,50 m, die Höhe von der Ausbruchsohle bis zur Firste im Maschinenteil ist 54,00 m. Die Kaverne ist 106,00 m lang.

Dieser Vortrag soll eine Gegenüberstellung von Planung, Voruntersuchungen und Berechnungen einerseits und angetroffenen Verhältnissen, Bauausführungen und Messungen auf der anderen Seite sein. Es soll über einige Folgerungen berichtet werden, von denen die Autoren glauben, daß sie Fortschritte im Felsbau großer Kavernen darstellen.

Die Kaverne wurde im Sedimentgestein nach der neuen österreichischen Bauweise hergestellt und allein mit Felsankern und Spritzbeton ohne nachträglichen Einbau eines Betongewölbes gesichert. Die Besonderheit der statischen Behandlungen bestand darin, daß auf eine Berechnung im herkömmlichen Sinne bewußt verzichtet wurde, in der am Ende irgendein Standsicherheitsfaktor ausgerechnet wird. Vielmehr wurden die Ergebnisse der vorausgegangenen Untersuchungen, die lediglich eine Abschätzung des Gebirgsverhaltens waren, mit den angetroffenen geologischen Verhältnissen und den Deforma-

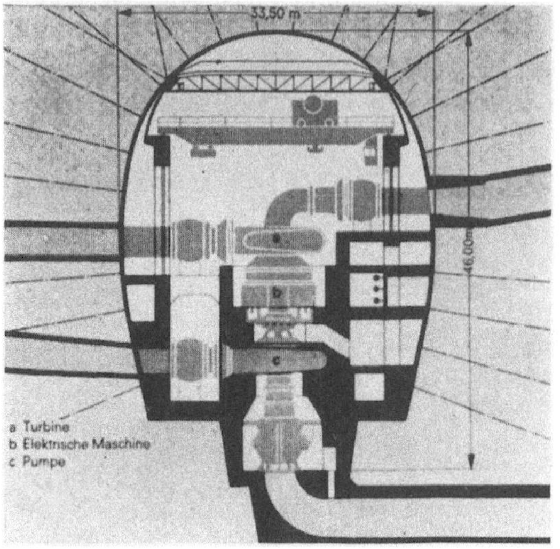

Abb. 3. Querschnitt durch Maschinenkaverne

Cross-section of the machine hall cavern
a) Turbine; b) Generator; c) Pump

Coupe transversale de la salle souterraine
a) Turbine; b) machine électrique; c) pompe

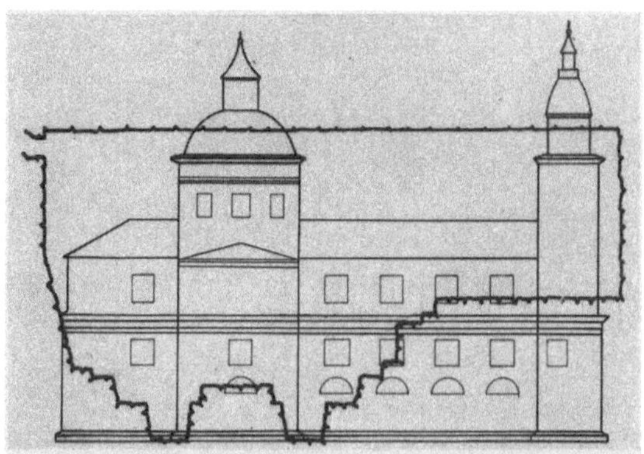

Abb. 4. Größenvergleich der Kaverne Waldeck mit dem Salzburger Dom
Size comparison of the Waldeck cavern and the Salzburg Cathedral
Comparaison de la grandeur de la salle souterraine avec la cathédrale de Salzbourg

tionsmessungen schrittweise gegenübergestellt. Aus diesem Vergleich wurden Konsequenzen für die Bauarbeiten gezogen, auf die man sich bereits in der Planung vorbereitet hatte.

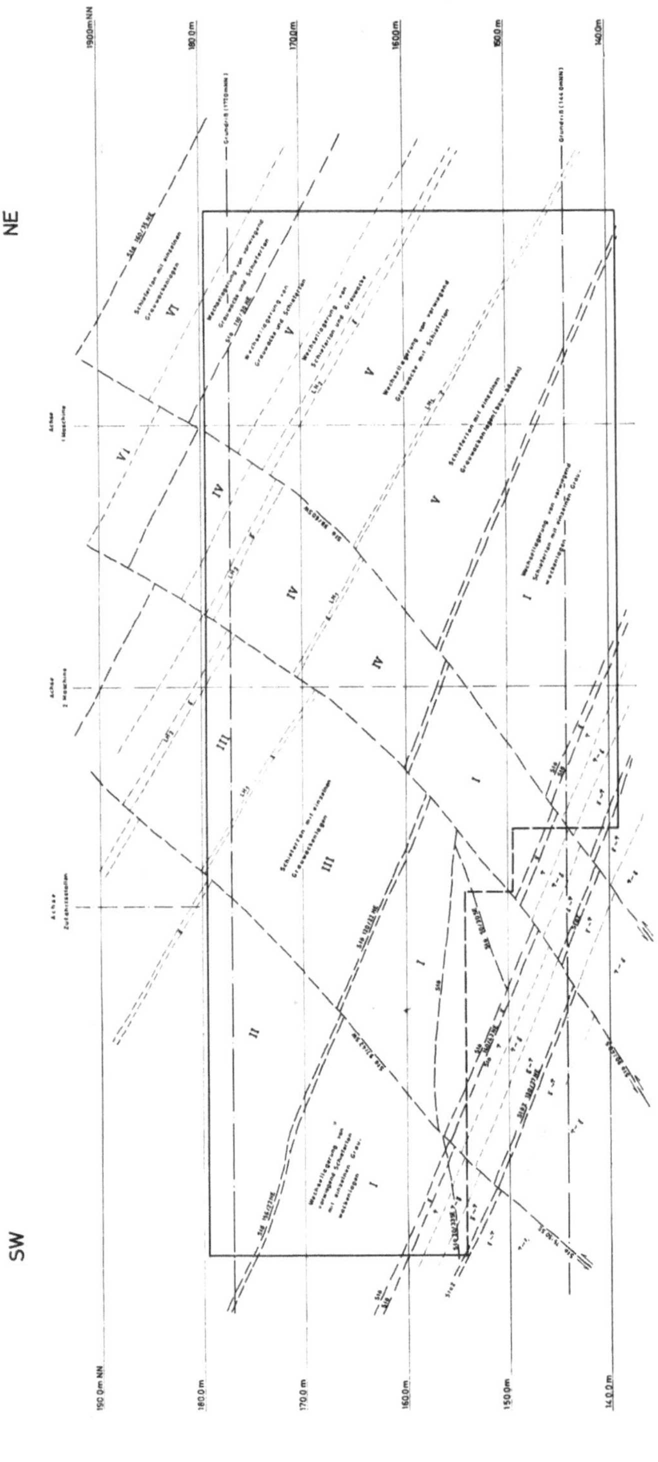

Abb. 5. Geologischer Längsschnitt durch die Kaverne

a) Achse Zufahrtsstollen; b) Achse 1. oder 2. Maschine; c) Stö = Störung; d) StöZ = Störungszone, γ = Grauwacke, T = Schieferton, $\gamma-T$ = Wechsellagerung mit vorwiegend Grauwacke, $T-\gamma$ = Wechsellagerung mit vorwiegend Schieferton

Geological longitudinal section of the cavern

a) Axis of access tunnel; b) Axis of 1st or 2nd machine set; c) Stö = Fault; d) StöZ = Faultzone, γ = Greywacke sandstone, T = Clay-schist, $\gamma-T$ = Alternating sequence with greywacke sandstone predominating, $T-\gamma$ = Alternating sequence with clay-schist predominating

Coupe géologique longitudinale de la salle souterraine

a) Axe de la galerie d'accès; b) Axe de la 1ère ou 2ème machine; c) Stö = Remaniement; d) StöZ = Zone de remaniement, γ = Grauwacke, T = Schiste argileux, $\gamma-T$ = Alternance de lits à dominance de grauwacke, $T-\gamma$ = Alternance de lits à dominance de schiste argileux

2. Geologie und geomechanische Voruntersuchungen

Für den Gebirgsbereich der geplanten Kaverne sind von den Herren des geotechnischen Büros Dr. H e i t f e l d, Dr. B r ä u t i g a m und Dr. H e s s e sehr gründliche ingenieurgeologische Untersuchungen anhand von Bohrungen und Probestollen durchgeführt worden. Das Ergebnis dieser Arbeiten kann kurz folgendermaßen zusammengefaßt werden.

Die Kaverne liegt im Zentrum einer nach Nordosten abtauchenden Mulde, deren Schichtfolge aus sandgebändertem Schieferton mit Grauwackenbänken aufgebaut ist. Die Schichten fallen etwa mit 30⁰ bis 40⁰ nach Nord-

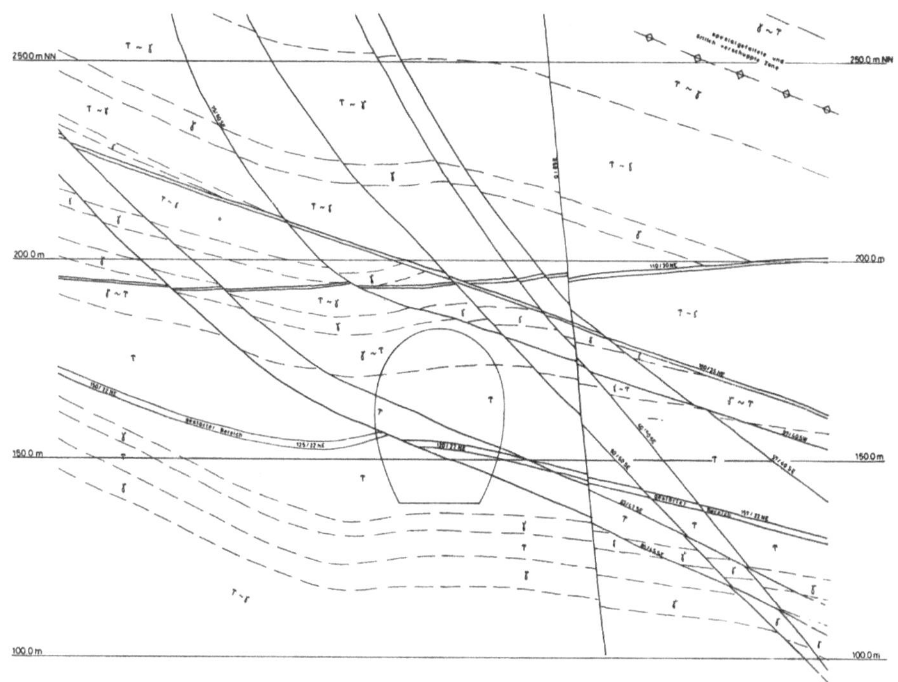

Abb. 6. Geologischer Querschnitt durch die Kaverne
Geological cross-section of the cavern
Coupe géologique transversale de la salle souterraine

osten ein und streichen vorwiegend zwischen 110 und 130⁰. Unter den Elementen des Flächengefüges konnte den Klüften eine geringere mechanische Wirkung beigemessen werden; sie waren überwiegend mit Calcit gut verheilt. Eine größere Wirkung mußte von den Schichtflächen und geologischen Störungen erwartet werden.

Der zweite große Voruntersuchungskomplex befaßte sich mit der Ermittlung der geomechanischen Kennziffern. Die Bundesanstalt für Bodenforschung hat den größten Teil dieser Untersuchungen und auch die Deformationsmessungen während und nach der Ausbruchzeit durchgeführt. Eine Übersicht über die Vorversuche hat Herr Dr. P a h l in Belgrad 1970 vorgetragen.

An Probestollen und einer Probekaverne von 90 m² Querschnitt wurden Konvergenzmessungen und Deformationsmessungen vorgenommen; sie ergaben eine erste Bestimmung der Größe des Seitendruckes $\lambda = 0,3-0,5$, die Richtung der Hauptnormalspannungen Neigung $\varrho = 20^0$ gegen die Vertikale und die Dicke der durch den Sprengvorgang aufgelockerten Gebirgspartie am Ausbruchrand, etwa 1,50 — 2,50 m.

Zwei wichtige Faktoren blieben auch nach den Voruntersuchungen noch weitgehend unbekannt:

die Größe der im Gebirge vorhandenen Spannungen und

die mechanische Wirksamkeit des Flächengefüges.

Als Randproblem: können die Meßergebnisse aus Probekavernen und Stollen auf Hohlräume, die nun eine oder zwei Größenordnungen größer sind, übertragen werden?

3. Berechnung mit finiten Elementen

Die Berechnung konnte diese offen gebliebenen geomechanischen Faktoren auch nur in sehr bescheidenen Grenzen berücksichtigen; vor allem deshalb, weil sie schon in einem sehr frühen Stadium der Aufschluß- und Untersuchungsarbeiten begonnen wurde. Von Herrn Prof. Zienkiewicz wurde 1969 die erste Berechnung mit finiten Elementen durchgeführt unter Berücksichtigung folgender Eingabewerte bzw. Annahmen:

Verformungsmodul und einachsige Gesteinsdruckfestigkeit,

Ankerkräfte und Belastung aus der Überlagerung von durchschnittlich 260 m,

zwei Seitendruckziffern, die man zu diesem Zeitpunkt als mögliche Extremwerte ansah,

ebener Spannungszustand,

keine irreversiblen Verformungsanteile.

Herr Prof. L. Müller war Prüfer der Felsstatik und gleichzeitig geomechanischer Berater bei Entwurf und Ausführung. Er führte, da diese Eingabewerte für eine Charakterisierung des Gebirges nicht ausreichen konnten, eine Parallelberechnung durch. Diese erfolgte nach der von Malina erweiterten Methode der finiten Elemente, die das Flächengefüge zu berücksichtigen gestattet. Auch eine den Kavernenranzen schräg querende Störungszone wurde berücksichtigt; Herr Dr. Baudendistel hat sich im Vorjahr damit befaßt.

Das Ergebnis dieser Doppelberechnung war:

1. Ein sehr beträchtlicher Raum in der Umgebung der Kaverne beteiligt sich an den Spannungsumlagerungen und Materialwanderungen, was die Möglichkeit erhoffen ließ, daß sich ein weiträumiger für die Statik günstiger Spannungsausgleich einstellen würde.

2. In der Nähe von Störungen waren möglicherweise größere Spannungskonzentrationen und Teilkörperverschiebungen zu erwarten; man mußte also darauf vorbereitet sein, dort den Ausbau in besonderer Weise zu verstärken, z. B. durch Verdübeln, Modifikation der Verankerung oder Verstärkung der Spritzbetonschale.

3. Die Deformationen erreichten rechnerisch Größen von 3,0—7,0 cm unter Ansatz der geplanten Ankerkräfte. Wurden diese nicht berücksichtigt,

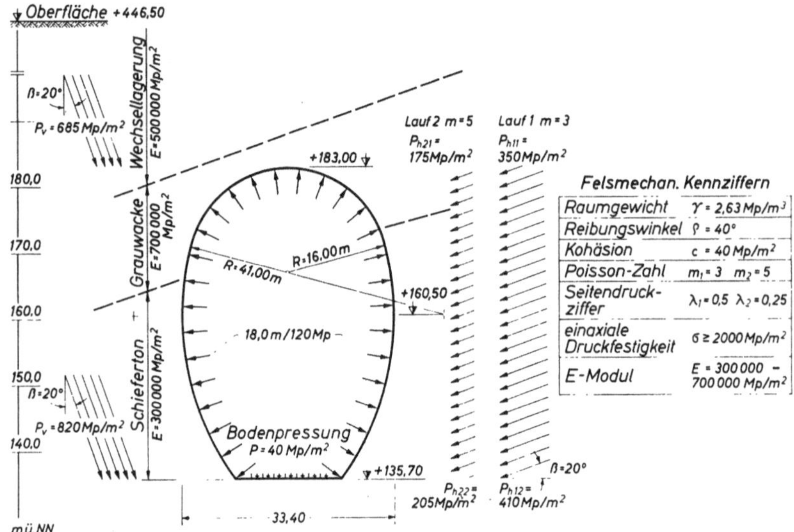

Abb. 7. Belastungsannahmen für FE-Berechnung nach Z i e n k i e w i c z

a) Schieferton; b) Grauwacke; c) Wechsellagerung; d) Bodenpressung; e) Raumgewicht $\gamma=$ 2,63 Mp/m³; f) Reibungswinkel $\varrho=40^0$; g) Kohäsion $c=40$ Mp/m²; h) Poisson-Zahl $m_1=3$, $m_2=5$; i) Seitendruckziffer $\lambda=0,5$, $\lambda=0,25$; j) einachsiale Druckfestigekit $\sigma=2000$ Mp/m²; k) E-Modul E=300000—700000 Mp/m²

Load assumptions for the finite-element analysis according to Z i e n k i e w i c z

a) Clay-schist; b) Greywacke sandstone; c) Alternating sequence; d) Ground pressure; e) Specific gravity $\gamma=2.63$ Mp/m³; f) Angle of internal friction $\varrho=40^0$; g) Cohesion $c=40$ Mp/m² h) Poisson's ratio $m_1=3$, $m_2=5$; i) Lateral pressure coefficient $\lambda=0.5$, $\lambda=0.25$; j) Uniaxial compressive strength $\sigma=2000$ Mp/m²; k) Modulus of elasticity $E=300,000—700,000$ Mp/m²

Hypothèse de charge pour le calcul par la méthode des éléments finis d'après Z i e n k i e w i c z

a) Schiste argileux; b) Grauwacke; c) Alternance de lits; d) Pression sur le sol; e) Poids volumique $\gamma=2,63$ t/m³; f) Angle de frottement $\varrho=40^0$; g) Cohésion $c=40$ t/m²; h) Coefficient de Poisson $m_1=3$, $m_2=5$; i) Coefficient de pression latérale $\lambda=0,5$, $\lambda=0,25$; j) Résistance à la pression uniaxiale $\sigma=2000$ t/m²; k) Module d'élasticité $E=300000$ à 700000 t/m²

strebte die Kaverne im rechnerischen Modell einem instabilen Zustand entgegen (B a u d e n d i s t e l, M a l i n a, L. M ü l l e r, Belgrad 1970).

4. Quantitativ konnte die Wirkung der Felsanker und auch der Kurzanker nicht bestimmt werden.

5. Der zeitliche Verlauf der Deformationen war der Berechnung nicht zu entnehmen.

4. Spannungsoptische Untersuchungen

Als eine Art dritter Berechnung waren von vornherein die spannungsoptischen Untersuchungen zur Gegenüberstellung mit den Finite-Element-Rechnungen gedacht. Man erwartete, daß man sich nach Ausführung und

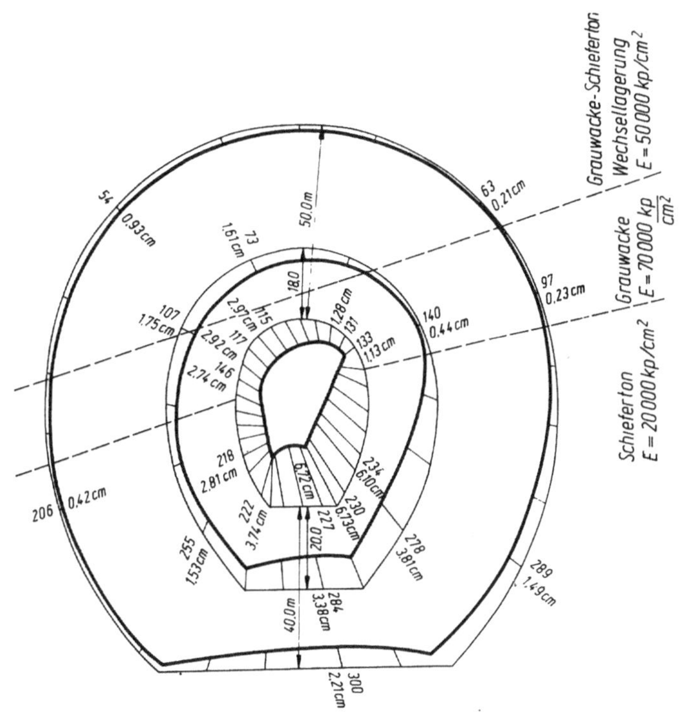

Abb. 8. Deformation nach Zienkiewicz (cm)
a) Schieferton $E = 20\,000$ kp/cm²; b) Grauwacke $E = 70\,000$ kp/cm²; c) Grauwacke-Schieferton: Wechsellagerung $E = 50\,000$ kp/cm²

Deformations obtained by the Zienkiewicz method (cm)
a) Clay-schist $E = 20{,}000$ kg/cm²; b) Greywacke sandstone $E = 70{,}000$ kg/cm²; c) Greywacke sandstone and clay-schist in alternating sequence $E = 50{,}000$ kg/cm²

Déformations d'après Zienkiewicz (cm)
a) Schiste argileux $E = 20\,000$ kg/cm²; b) Grauwacke $E = 70\,000$ kg/cm²; c) Alternance de lits de schiste argileux et de grauwacke $E = 50\,000$ kg/cm²

gründlicher Diskussion der drei Berechnungsarten ein Bild über die wirklichen Verhältnisse machen konnte, die vermutlich zwischen den verschiedenen Ergebnissen liegen würden.

Im besonderen ermöglichte die Spannungsoptik, zumindest innerhalb gewisser Grenzen, eine Überprüfung des Einflusses von geänderten Seitendruckziffern und Hauptnormalspannungsrichtungen. Aufgrund einer Gegenüberstellung der Spannungsverteilungen unter verschiedenen Seitendruckannahmen durfte erwartet werden, daß hohe Seitendrücke helfen würden, die 33,5 m

weit gespannte und durch kein Gewölbe unterstützte Kalotte dieses Hohlraumes zu tragen.

Diese Erwartung hat sich durch die Deformationsmessungen der Bundesanstalt für Bodenforschung bestens bestätigt. Unmittelbar vor dem Ausbruch
des 1. Kalottenabschnittes ergaben sich geringe Firsthebungen und anschließend erst eine Senkung. Die Firstsenkungsbeträge selbst blieben allgemein innerhalb sehr bescheidener Grenzen; sie lagen um 15—20 mm, nur an einer
Stelle durch örtliche Gefügebesonderheiten bedingt erreichten sie 37 mm.

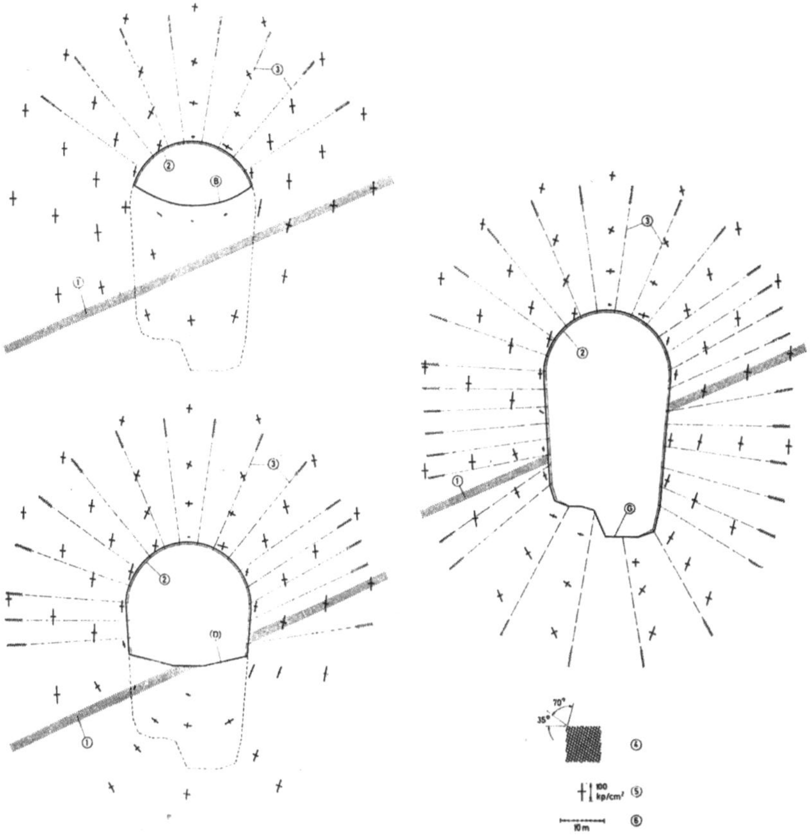

Abb. 9. Spannungsverteilung nach der Methode der finiten Elemente (nach Malina)
Stress distribution obtained by the finite-element method (according to Malina)
Répartition des tensions d'après la méthode des éléments finis (d'après Malina)

Unklar blieb aber auch nach Ausführung der spannungsoptischen Versuche die Wirkung der Verankerung hinsichtlich ihrer Quantität. Über ihre
Notwendigkeit herrschten keine Zweifel, und auch heute noch halten alle
Beteiligten die Anker für das wesentliche Ausbauelement. Ihre Wirkung besteht weniger darin, daß ein ausgiebiger Ausbauwiderstand — in Waldeck

16 Mp/m² — auf die Oberfläche des Felsausbruches wirkt, als vielmehr darin, daß der Gefügezusammenhalt — und damit die Reibung und Anfangskohäsion auf den Klüften — weit besser erhalten bleibt als ohne Ankerung. Diese

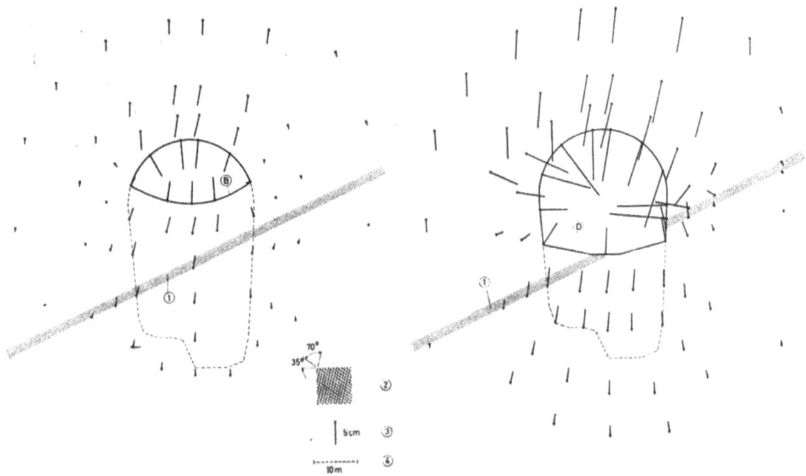

Abb. 10. Deformationen nach der Methode der finiten Elemente (nach Malina)
Deformations obtained by the finite-element method (according to Malina)
Déformations selon la méthode des éléments finis (d'après Malina)

Wirkung ist natürlich nur vorhanden, wenn die Anker eine entsprechende Verspannung erhalten.

Wichtige Ergebnisse ließen sich aus der Spannungsoptik bei Beobachtung verschiedener Ausbruchformen und Ausbruchstadien ableiten. Sie führten in

Abb. 11. Isochromaten bei Kalottenausbruch. Form A mit 23 m Breite
Isochromatic pattern of an arch axcavation, shape A, 23 m wide
Courbes isochromatiques lors d'excavation de la calotte. Forme A avec une largeur de 23 m

erster Linie dazu, die schädliche Wirkung hoher Spannungskonzentrationen
zu scharfen, nicht ausgerundeten Ecken auszuschalten.

Erstmalig wurde daraus die Konsequenz gezogen, auch im Kavernenbau
kleinräumige Teilausbrüche zu vermeiden und großräumige auszubrechen.
Dieses Vorgehen bot für die ausführenden Firmen große Erleichterungen. Die
Unternehmungen waren dafür aber auch in erfreulicher Weise bereit, in anderer Hinsicht Konzessionen an die Wünsche der Geomechaniker beim Ausbruch
zu machen. Unseres Wissens zum ersten Mal — und nach Auffassung aller
Beteiligten mit großem Erfolg — wurden auch bei zwischenzeitlichen Teil-

Abb. 12. Isochromaten bei Kalottenausbruch. Form A 1 mit 17 m Breite
Isochromatic pattern of an arch excavation, shape A 1, 17 m wide
Courbes isochromatiques lors d'excavation de la calotte. Forme A 1 avec une largeur de 17 m

ausbrüchen alle scharfkantigen Ecken untersagt und Ausrundungen zur künf-
tigen Kavernenleibung von mindestens 2—3 m gefordert.

Diese im Ausbruchvorgang nicht sehr willkommene Beschränkung
brachte ein äußerst befriedigendes Ergebnis: an keiner einzigen Stelle im
Kavernenraum wurden stark gesteinszerstörende Auswirkungen von Spannungsumlagerungen beobachtet, auch dort nicht, wo sie durch ungünstige
Gefügesituationen hätten erwartet werden müssen. Diesem Umstand muß es
zugeschrieben werden, daß — entgegen vorsorglicher Voraussicht — nirgends
an der gesamten Ausbruchfläche nachträglich die Anker vermehrt oder die
Spritzbetonschale verstärkt werden mußten. Wir sind sogar davon überzeugt,
daß es sich bei diesen neuen Maßnahmen um eine Möglichkeit handelt, die
große Ersparnisse beim Kavernenbau mit sich bringen kann.

Das Prinzip wurde auch für die Kavernenform im Endzustand angewendet: die Ulmen wurden kräftiger ausgerundet als dies normalerweise bei
Kraftwerkskavernen geschieht. Die Kalotte wurde nicht als ein von den Ulmen
getragenes Gewölbe betrachtet, sondern die ganze eiförmige Kaverne als eine
sich selbst tragende Hohlraumform entworfen. Der dadurch bedingte Mehr-
ausbruch konnte einerseits in die Planung der Inneneinrichtung einbezogen

werden, auf der anderen Seite glauben wir auch, daß dadurch ein erheblicher Anteil an Sicherungsmaßnahmen, die größere Schalenablösungen vermeiden sollten, entfallen konnte.

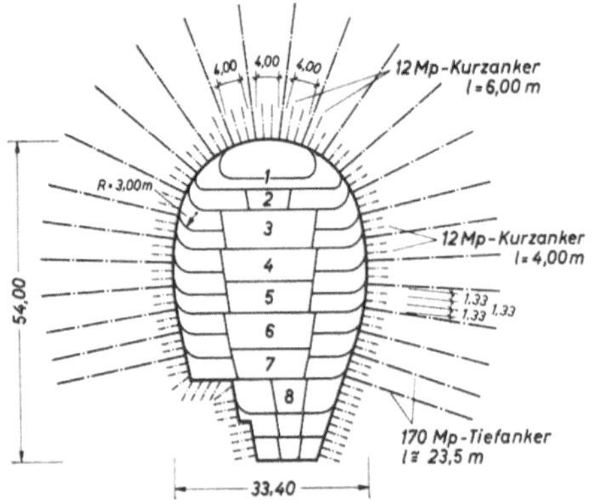

Abb. 13. Kavernenquerschnitt mit Ausbruch- und Felsankerschema
12 Mp-Kurzanker; 170 Mp-Tiefanker

Cross-section of the cavern showing excavation and supporting schemes
12-Mp rock bolts; 170-Mp prestressing anchors

Coupe transversale de la salle souterraine avec schéma de la section dégagée et de l'ancrage
Boulons d'ancrage courts de 12 t. Boulons d'ancrage profound de 170 t

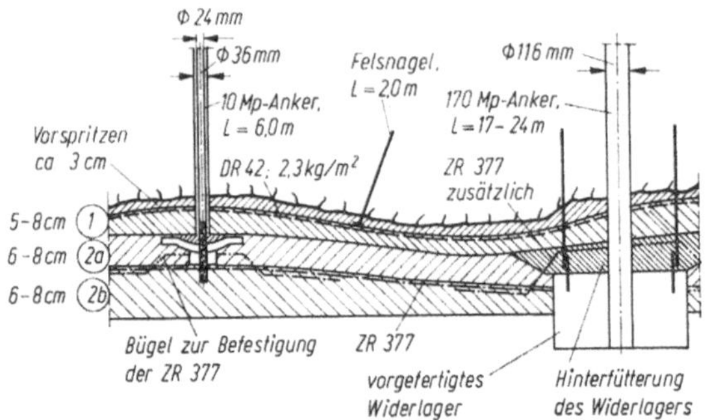

Abb. 14. Sicherungsschema
a) Vorspritzen; b) 10 Mp-Anker; c) 170 Mp-Anker; d) ZR 377 zusätzlich Bügel zur Befestigung der ZR 377; e) vorgefertigtes Widerlager; f) Hinterfütterung des Widerlagers

Supporting scheme
a) Initial sealing coat of shotcrete; b) 10-Mp rock bolts; c) 170-Mp anchors; d) Reinforcing steel mesh ZR 377 and fastening brackets; e) Precast abutment; f) Grouting material

Schéma de la consolidation
a) Projection préliminaire; b) Boulons d'ancrage de 10 t; c) Boulons d'ancrage de 170 t; d) Armature en treillis ZR 377 avec étriers de fixation; e) Bloc d'appui préfabriqué; f) Garnissage du bloc d'appui

5. Projektierung, Ausführung, Meßergebnisse

Noch ehe Ergebnisse aus der Spannungsoptik und den Finite-Element-Rechnungen vorlagen, mußte entschieden werden, ob der Bau einer Kaverne mit der Spannweite von 33,5 m in diesem Gebirge möglich sei. Grundlage für diese Entscheidung waren neben den geologischen und geomechanischen Unttersuchungen nur noch — wie bei vielen Projekten — Erfahrung und Intuition.

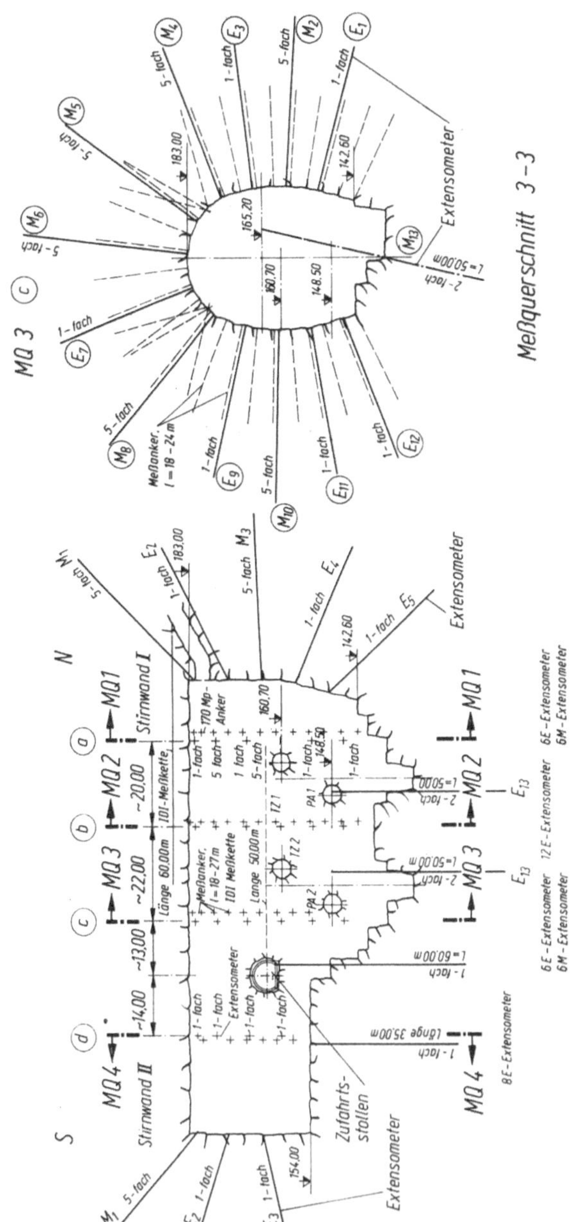

Abb. 15. Meßanlage in der Kaverne, bestehend aus: Einfachextensometern mit 35 m Länge, Mehrfachextensometern mit 40 m Länge und Tiefanker mit Fernablesung der Vorspannkraft und Meßkette aus Induktiven Deformations-Indikatoren von 60 m Länge über Kavernenfirste

Measuring system in the cavern, consisting of single extensometers of 35 m length, multiple extensometers of 40 m length, measuring anchors for remote indication of the prestressing force, and multiple inductive deformation indicators of 60 m length, distributed along the cavern crown

Installation de mesurage dans la salle souterraine constituée par: des extensomètres simples de 35 m de long, des extensomètres multiples de 40 m de long, et des boulons d'ancrage profonds avec lecture à distance d'effort de précontrainte et d'une chaine de mesure constituée par des indicateurs de déformation inductifs d'une longueur de 60 m, disposée le long du toit de la salle souterraine

Die Veranwortung konnte nur übernommen werden, weil Konstrukteur, Statiker, Geomechaniker und Prüfingenieur sich einig waren, daß im Laufe der Projektierung eine schrittweise Anpassung an die Ergebnisse, die aus den theoretischen Untersuchungen und den Messungen während der Auffahrung zu erwarten waren, zweckmäßig und möglich sein mußte. Voraussetzung dazu war aber die Bereitschaft des Bauherrn, eine große Anzahl Meßgeräte, die zum Teil schon vor Baubeginn einzubauen waren, als Bauwerksbestandteil zu akzeptieren und zu finanzieren. Die Messungen sollten die für die Statik getroffenen Annahmen bestätigen oder Unterlagen für eine Korrektur erbringen. Alle Meßergebnisse wurden wöchentlich durch Fernschreiben an alle Beteiligten übermittelt „sie bedeuteten sozusagen den Finger am Puls" dieses Bauwerks. Letztlich gaben sie auch Aufschluß über die Sicherheit der Baumaßnahmen.

Zur Erfassung und Kontrolle der Deformationen und des Verhaltens der Felsanker wurden 3 Meßsysteme verwendet:

a) IDI-Meßketten,

b) Einfach- und Mehrfachextensometer,

c) Ankerkraftmeßdosen.

Die Meßsysteme wurden vornehmlich in 4 Meßquerschnitten angeordnet, um eine gegenseitige Kontrolle zu ermöglichen. Vor den Ausbrucharbeiten konnten die IDI-Meßketten und 2 abkoppelbare Extensometer eingebaut werden, der Grund hierfür war der Wunsch, den Gesamtbetrag der Deformationen messen zu können. Wo der Einbau vor dem Ausbruch nicht möglich war, wurden unmittelbar nach dem Abschlag sogenannte „vorläufige" Stangenextensometer, 8—10 m lang, eingesetzt, da der Einbau der endgültigen Extensometer vor allem der 5fach-Systeme etwa 2—3 Wochen dauerte. Insgesamt wurden eingebaut:

 2 IDI-Meßketten (Firste und OW-Ulme),

37 Einfachextensometer, 35 m lang,

15 Fünffachextensometer, 40 m lang,

 2 Zweifachextensometer, 50 m lang,

85 Meßanker, davon 40 mit Fernablesung.

Einfach- und Mehrfachextensometer zeigen in Größe und zeitlichem Verlauf eine befriedigende Übereinstimmung. Größenordnungsmäßig liegen die Firstdeformationen bei 15—20 mm, die der Ulmen bei etwa 10—12 mm.

Der größte Verformungsanteil tritt offensichtlich unmittelbar auf. Dies ist aus den unterschiedlichen Deformationsbeträgen von Firstmeßkette und Einfachextensometer zu erkennen. Auch mit sofort nach dem Ausbruch gesetzten vorläufigen Extensometer werden diese Anteile nur zum Teil erfaßt. Die Auffahrung der tieferliegenden Abschnitte haben nur einen sehr gringen Einfluß auf das Verformungsverhalten der First- und Kalottenmeßpunkte gehabt.

Heute, etwa 10 Monate nach Ausbruchende verlaufen die Deformationslinien schon deutlich asymptotisch zur Zeitachse. Die noch zu erwartenden Verformungswerte betragen im allgemeinen weniger als 1 mm, es haben sich also etwa 95 % der Gesamtverformung bereits eingestellt. Dazu noch einmal die Ergebnisse der Berechnungen: Deformationsgrößen von 3—7 cm in Ulmen und Firste, also etwa das Doppelte bis Dreifache der gemessenen Werte.

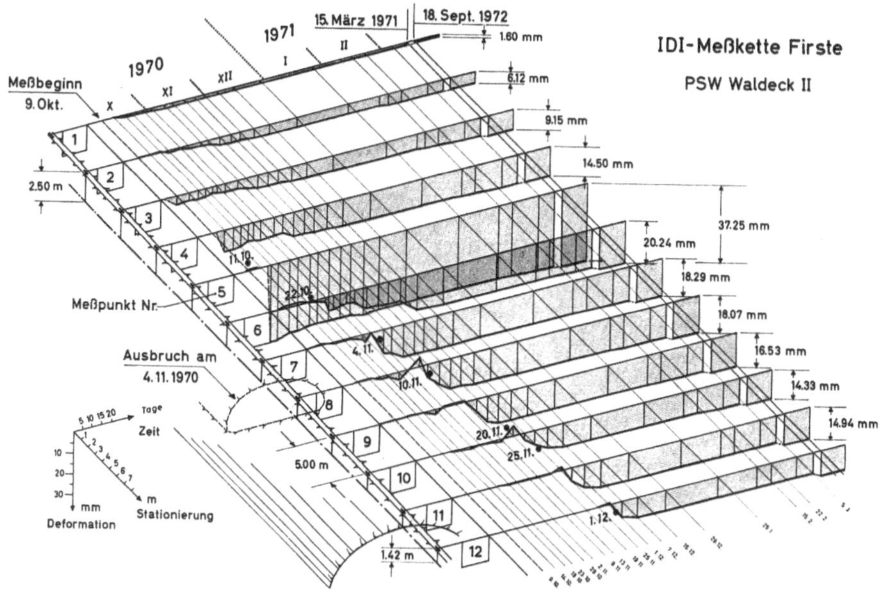

Abb. 16. Deformationsverlauf der IDI-Meßkette vom 9. 10. 1970 bis 18. 9. 1972

a) Ausbruchbeginn am 4. 11. 1970; b) Deformationen; c) Stationierung; d) Zeit

Deformations measured with the inductive chain deformation indicator from October 9, 1970 to September 18, 1972

a) The excavation work started on November 4, 1970; b) Deformations; c) Stations; d) Time

Evolution des déformations au moyen de la chaine de mesurage IDI du 9. 10. 1970 au 18. 9. 1972

a) Début d'excavation le 4. 11. 1970; b) Déformation; c) Jalonnement; d) Temps

Betrachtet man die Deformationsgrößen in Abhängigkeit von der Entfernung vom Ausbruchrand, so ergibt sich aus der Ableitung der Deformationskurve die Dehnungskurve. Die großen Dehnungsbeträge liegen im Mittel aller Mehrfachextensometerergebnisse im Bereich zwischen 1 und 7 m hinter dem Ausbruchrand. Im Bereich von 10 bis 20 m liegen die Dehnungen um das 2—3fache niedriger. Dies scheint uns ein Anzeichen dafür zu sein, daß die Spannungsumlagerungen durch erhöhte Dehnwege nur eine Zone von etwa Ro/3 umfaßt, dahinter werden die Spannungen offensichtlich ohne weitere Umlagerung vom Gebirge aufgenommen. (Lediglich die Dehnungen in der Firste, M 8, CM 8, sind weitreichender als im Gesamtdurchschnitt.)

Diese Ergebnisse der Deformationsmessungen erlauben folgende Deutungen:

1. Der Verformungsmodul des Gebirges muß wesentlich höher liegen, als in den Berechnungen angenommen worden war.

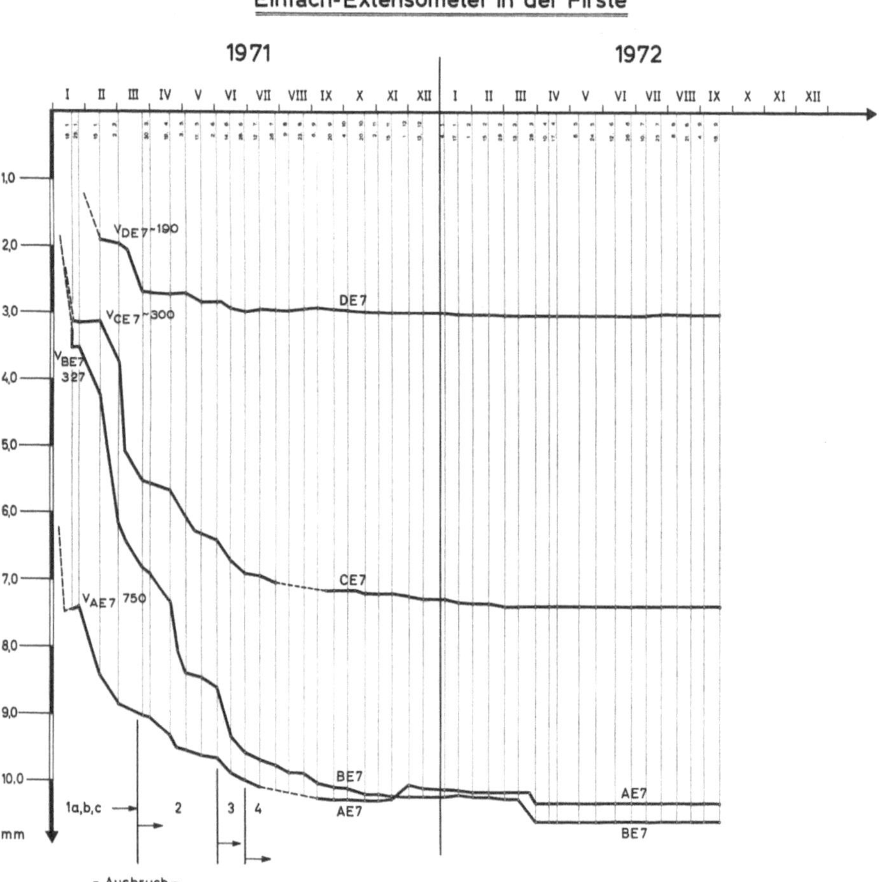

Abb. 17. Deformationsverlauf der Kavernenfirste
Messungen an 4 Einfach-Extensometern von je 35 m Länge nahezu ab Ausbruchbeginn

Deformations of the cavern crown as measured with four single extensometers of 35 m length each, measurements were started shortly after commencement of the excavation work

Evolution des déformations du toit de la salle souterraine. Mesurages avec 4 extensomètres simples de 35 m de long chacun, à peu près au début d'excavation

2. Der Charakter der Deformationen läßt auf ein hochelastisches und zugleich sprödes Gebirge schließen, welches nur geringe plastische Nachwirkungen zeigt, dessen Deformationen in unerwartet kurzer Zeit abklingen.

3. Örtliche Unregelmäßigkeiten des Deformationsverlaufes waren selten. Eine einzige konnte auf örtliche Gefügeverhältnisse zurückgeführt werden, aber auch sie blieb in der Größenordnung von 37 mm.

4. Eine Überschreitung der Gebirgsfestigkeit und damit eine Bildung plastischer Zonen in der Nähe der Ausbruchsleibung hat nirgends stattgefunden.

Schon aufgrund der ersten Deformationsmessungen während des Kalottenausbruches konnte festgestellt werden, daß es bei der Sicherung der Kaverne mit Ankern und Spritzbetonschale allein, also ohne Kalottengewölbe,

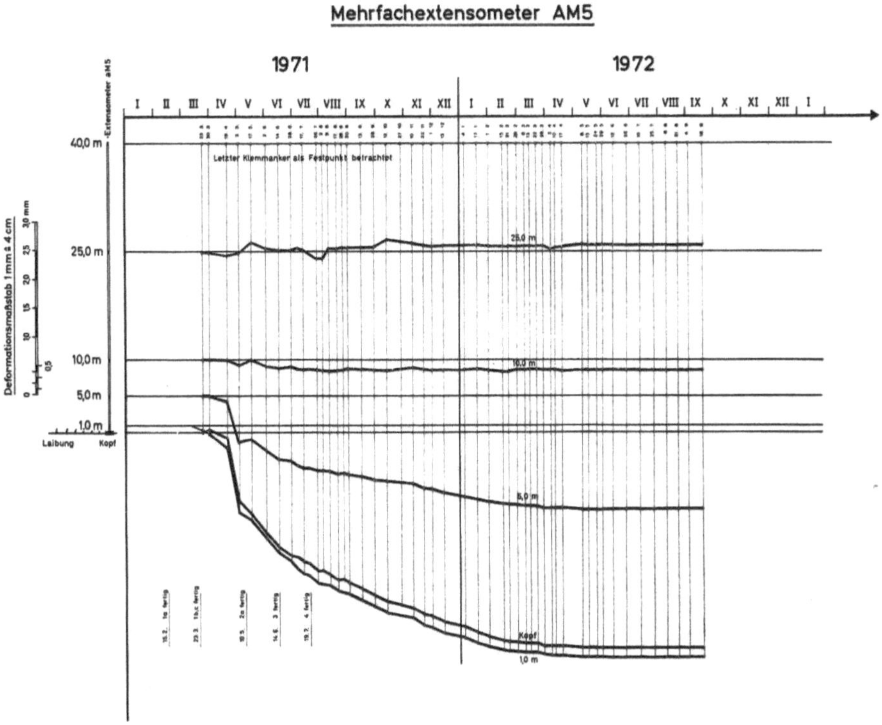

Abb. 18. Deformationsverlauf der unterwasserseitigen Ulme
Messungen mit einem 5fach Extensometer von 40 m Länge

Deformations of the cavern wall on the tail-water side as measured with a quintuple extensometer of 40 m length

Evolution des déformations du mur en aval d'eau. Mesurages avec un extensomètre quintuple de 40 m de long

bleiben konnte. Die gewählte Spannweite erwies sich unter diesen Umständen als zulässig, was auch durch den weiteren Verlauf der Deformationsmessungen bestätigt wurde.

Wir sehen in drei maßgeblichen Faktoren die Erklärung für die überaus geringen gemessenen Deformationen. Die Gebirgsfestigkeit wurde einerseits

durch eine den Spannungs- und Gesteinsverhältnissen angepaßte Kavernenform nur wenig beeinträchtigt. Durch die Vermeidung hoher Spannungskonzentrationen tritt offensichtlich nur eine sehr geringe Abminderung der
Gebirgsfestigkeit ein; das immerhin von zahlreichen Diskontinuitätsflächen
durchtrennte Gebirge behält eine sehr hohe Festigkeit und Steifigkeit. Auflockerungen und Gesteinszerstörungen, wie sie häufig im Bereich der Kämpfer,

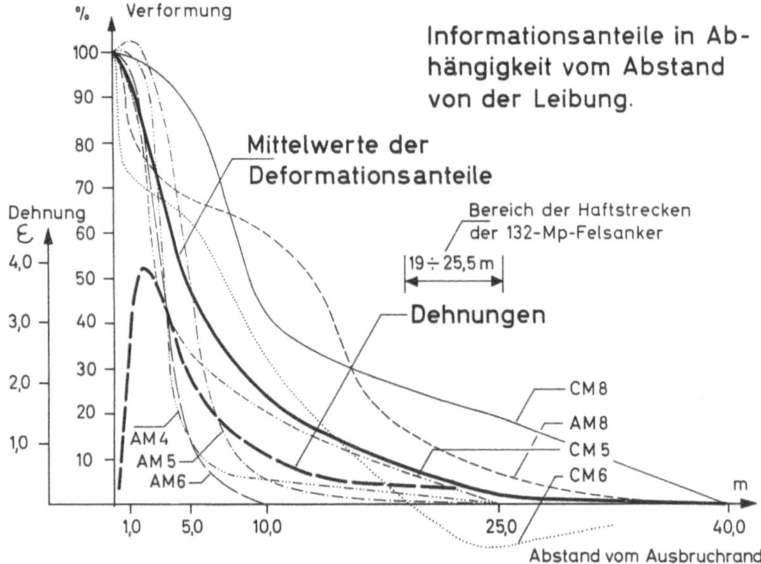

Abb. 19. Deformationsverlauf der Unterwasser-Ulme in Abhängigkeit vom Abstand zur
Leibung, gemessen an 4 Kavernenquerschnitten

a) Verformung %, b) Dehnung ε; c) Mittelwerte der Deformationsanteile; d) Dehnungen;
e) Abstand vom Ausbruchsrand; f) Bereich der Haftstrecken der 132 Mp-Felsanker

Deformations of the cavern wall on the tail-water side plotted over the distance from the
wall surface for four cavern cross-sections

a) Deformation, %; b) Extension, ε; c) Mean values of the deformation components; d) Ex-
tensions; e) Distance from cavern wall surface; f) Anchored lengths of the 132-Mp prestressing
anchors

Evolution des déformations du mur en aval d'eau comme fonction de la distance à l'intrados
mesurée à l'endroit de quatre sections de la salle

a) Déformation %; b) Allongement; c) Valeur moyenne du taux de déformation; d) Allonge-
ments; e) Distance à l'intrados; f) Zone d'adhérence des boulons d'ancrage de 132 t

vor allem bei eingeschnittenen Kalotten-Betongewölben, auftreten, unterblie-
ben hier gänzlich.

Andererseits hat auch das gebirgsschonende Schießen zur Vermeidung
großer Auflockerung am Ausbruchrand beigetragen. Eine willkommenes
Nebenprodukt davon war, daß sehr maßhaltig mit äußerst geringem Mehr-
ausbruch aufgefahren werden konnte.

Zum dritten waren wir bemüht, die von den Felsankern eingetragene Vorspannkraft so früh wie möglich aufzubringen. Sind größere Umlagerungsbewegungen erst einmal im Gang, so geht dem Flächengefüge zumindest der Kohäsionswert seiner Verkittung und möglicherweise auch ein Teil der Reibungsbegabung verloren. Dies zu verhindern, war der Sinn einer frühzeitigen Funktion der Felsanker.

Die Behandlung des Gebirgsmaterials durch Ausbruchform und Ausbruchvorgang hat einen bedeutenden Anteil an der Standsicherheit des bergmännischen Hohlraumes.

Der Vergleich von Deformationsergebnissen aus der Berechnung mit homogenem elastischen Material mit den Meßergebnissen ergibt auch, daß der Einfluß des Flächengefüges auffallend gering war — dies ist jedoch eine Erfahrung die ausschließlich für das Gebirge von Waldeck zutrifft und keinesfalls bedenkenlos auf andere Kavernenbauwerke übertragen werden sollte. Auch diese geringe Rolle des Flächengefüges ist, so vermuten wir, durch die Formgebung der Teilausbrüche zu erklären. Die Vermeidung von kleinen Teilausbruchräumen und von scharfen Ecken hat dazu geführt, daß Sprengungszwängungen und hohe Spannungskonzentrationen nicht auftraten. Die Verkittung der Klüfte wurde durch die Spannungsumlagerungen nicht soweit beansprucht, daß ihre Festigkeit überschritten wurde. Gefügeauflockerungen blieben aus, die Reibung wurde nicht, wie es Föppl einmal ausgedrückt hat, „herausgeklopft".

Dies ist jedoch eine Erkenntnis, die wir erst nach der Fertigstellung des Ausbruches in dieser Form gewonnen haben. In der Planung wurden Diskontinuitätsflächen sehr wohl berücksichtigt. Es erschien wichtig, den Ankern eine von der Oberflächennormalen der jeweiligen Ausbruchleibung abweichende Richtung zu geben, wo immer die Berücksichtigung des Flächengefüges dies erforderte. Nach dem Konzept von John wurden durch die Darstellung in der Lagenkugel die Bereiche zulässiger Ankerrichtungen ermittelt und die Felsanker danach versetzt.

6. Vorgangsweise nach Beendigung der Ausbrucharbeiten

Aufgrund der Ergebnisse der Deformationsmessungen konnte eindeutig festgestellt werden, daß in allen Ausbruchstadien insbesondere aber im Endstadium bereits etwa 20 Wochen nach Beendigung des Ausbruches eine deutliche Abnahme der Verformungen eingetreten ist. Die Extrapolierung der Zeit-Verformungskurve ergibt, daß die Endberuhigung etwa 12 Monate nach Ausbruchende eingetreten sein wird. Die bis dahin noch zu erwartende Deformation wird weniger als 0,5 mm betragen, der durchschnittliche Gesamtbetrag wird 20 mm nicht überschreiten.

Ursprünglich waren als zusätzliche Maßnahme bei lang andauernden Sohlhebungen Vertikal-Anker in der Sohle vorgesehen. Sie konnten entfallen, ohne daß zusätzliche neue Berechnungen aufgestellt werden mußten.

Nachträgliche zusätzliche Stabilisierungsmaßnahmen waren in der Ausschreibung des felsbaulichen Teils vorsorglich vorgesehen worden. Sie waren an keiner Stelle erforderlich. Der Einfluß von Nachbewegungen auf die Rohranschlüsse der Ober- und Unterwasserverteilung und auf die Maschinenlagerung konnte eingegrenzt werden, er erwies sich als unbedeutend.

Abb. 20. Sicherung der Kaverne mit ausgerundeten Ulmen
Supporting scheme of the cavern with curved sidewalls
Consolidation de la salle souterraine à murs concaves

Abb. 21. Gebirgsschonendes Sprengen mit ausgezeichneten Bohrspuren
Drill holes (shown in colour) remain visible after cautious blasting
Abattage à l'explosif ménageant le terrain par traces de perçage mises en relief

Geplant ist, die Messungen bis zum endgültigen Ruhezustand (im Rahmen der Meßgenauigkeit) in zweiwöchigem Rhythmus fortzuführen. Wie es im Augenblick aussieht, wird demnach noch bis zum Frühjahr 1973 gemessen, sodann werden die Messungen eingestellt. Bei besonderen Beanspruchungen des Gebirges, wie z. B. beim Probebetrieb der Maschinen, beim hydraulischen Kurzschluß und eventuell auch bei der Erstellung der Kaverne Waldeck III, werden die Extensometer- und die Ankerkraftmessungen wieder aufgenommen.

Ebenfalls erst nach der Beruhigung aller Deformationen wird vom Prüfingenieur eine endgültige Stellungnahme zur statischen Berechnung abgegeben werden. Dieser Vorgang ist neu und ungewohnt in Deutschland, er befindet sich jedoch in Übereinstimmung mit den neuesten Forschungen über die neue Österreichische Bauweise, die vom Salzburger Kreis, insbesondere von Prof. Rabcewicz, durchgeführt wurden. Die Verantwortung für diese Vorgehen wurde gemeinsam vom Projektanten und vom Prüfer übernommen, die übergeordnete Landesprüfstelle des Bundeslandes Hessen hat ihre Zustimmung dazu nicht verweigert.

Schlußfolgerungen

Eine Reihe von Punkten sind aus diesen Erfahrungen noch einmal hervorzuheben.

1. Die Grundlage aller Berechnungen und Voruntersuchungen, nämlich die Kenntnis der Primärspannungen, ist nach wie vor das Hauptproblem. Je großräumiger bei ihrer Ermittlung vorgegangen wird, und je früher sie vorgenommen wird, umso bessere Ergebnisse erhält man auch aus den nachfolgenden Berechnungen.

2. Die mechanische Wirkung des Flächengefüges wurde in Waldeck wohl ein wenig unterschätzt. Auf das Erkennen dieser Wirkung ist in Zukunft ein noch größeres Gewicht zu legen.

3. Die Erhaltung der Festigkeit des Gebirges durch das gebirgsschonende Sprengverfahren und durch rasche Wirksamkeit des elastischen Ausbaus trägt stark zur Stabilität des Hohlraumes bei.

4. Auch die großräumige Erschließung der Kaverne und die Vermeidung aller scharfen Ecken in Teilausbruchstadien verringern die Spannungskonzentrationen und damit eventuelle Gesteinszerstörung.

5. Die gewählte Kavernenform kann als eine felsstatisch günstige Form angesehen werden. Man paßt sich mit dieser Form dem vermuteten Spannungsverlauf im Gebirge an.

Die Planung, Berechnung und Ausführung des Bauwerks ist das Ergebnis einer Gemeinschaftsarbeit mit hohem Wirkungsgrad, an die die Beteiligten mit Freude zurückdenken. Der Baufirmengruppe und der Bauaufsicht, die die Ideen der Ingenieure in die Praxis umgesetzt haben, möchten wir an dieser Stelle besonders danken.

Anschriften der Verfasser:

Dipl.-Ing. Obering. Kurt Heinz A b r a h a m, Siemens AG, Wasserkraft-Abteilung, Postfach 3240, D-8520 Erlangen, Bundesrepublik Deutschland.

Dipl.-Ing. Steffen B a r t h, Siemens AG, Wasserkraft-Abteilung, Postfach 3240, D-8520 Erlangen, Bundesrepublik Deutschland.

Dr. rer. nat. Friedhelm B r ä u t i g a m, Geotechnisches Büro Dr. Heitfeld, Franz-Menke-Straße 12, D-5960 Olpe, Bundesrepublik Deutschland.

Dipl.-Ing. Adam H e r e t h, Beratender Ing. f. Bauwesen VBI, Kreuz 25, D-5850 Bayreuth, Bundesrepublik Deutschland.

Prof. Baurat h. c. Dr.-Ing. Dr. mont. h. c. Leopold M ü l l e r, Institut für Bodenmechanik und Felsmechanik, Universität Karlsruhe, R.-Willstätter-Allee, D-7500 Karlsruhe, Bundesrepublik Deutschland.

Dr. rer. nat. Arno P a h l, Bundesanstalt für Bodenforschung, Postfach 54, D-3000 Hannover-Buchholz, Bundesrepublik Deutschland.

Prof. Dr. techn. Othmar-J. R e s c h e r, Technische Hochschule Wien, Institut für WKA und Verkehrswasserbau, Karlsplatz 13, A-1040 Wien, Österreich.

Diskussionsbeiträge

Zum Vortrag Preuss

Prof. Müller: Aufgrund Ihrer Feststellung, daß ein Photogrammeter nicht leicht entscheiden kann, was auf einem Photopaar als Kluftfläche, Bruchfläche, Neubruch oder als tektonischer Bruch anzusehen ist, ergibt sich die Notwendigkeit der Zusammenarbeit mit dem Geologen. Wie wird sich diese verwirklichen lassen?

Herr Preuss: Es bestehen zwei prinzipielle Möglichkeiten der Auswertung photogrammetrischer Aufnahmen: erstens Rasterung des Bildes und damit schematische Auswertung da, wo eine Meßmarke hinfällt, ohne Rücksicht darauf, ob es geologisch sinnvoll ist oder nicht, und zweitens intensive Zusammenarbeit mit einem Geologen. Die letztgenannte Methode ist vorzuziehen, wobei eine gemeinsame Erkundung durch Geologen und Photogrammeter notwendig ist, bei welcher in den vom Geologen angegebenen Bereichen sogleich Polaroid-Aufnahmen gemacht werden. Dieser erklärt dann dem Photogrammeter die nötigen Einzelheiten. Auch bei der weiteren Auswertung wäre die Mitarbeit des Geologen von Vorteil.

Prof. Müller: Diese Methode hat zweifellos Zukunft; da viele Bereiche unzugänglich sind, muß die photographische Aufnahme als Grundlage für Erkundungen dienen; ferner kann eine solche Aufnahme immer wieder nach neuen Methoden oder Gesichtspunkten ausgewertet werden, während bei einer Kompaßaufnahme ein einmal begangener Fehler nicht bereinigt werden kann.

Die von Herrn Preuss erwähnte Methode wurde z. B. an einer Felswand mit drohenden Bergstürzen bei der Gemeinde Lecco am Comer See angewendet.

Zum Vortrag Klaus E. H. Müller

Dr. Hofmann: Gestatten Sie mir einige Ergänzungen zur Problematik des Durchtrennungsgrades aufgrund meiner Versuche an regelmäßig geklüfteten Modellböschungen. Bei der Betrachtung eines regelmäßig geklüfteten Verbandes mit zwei Kluftrichtungen darf man sich, wie Sie bereits erwähnten, nicht auf diese beiden Kluftscharen beschränken, sondern muß noch weitere Schwächerichtungen erkennen, entlang deren der Bruch in Form von

Kluftstaffeln vor sich gehen kann. Wie sieht dann entlang dieser Richtungen der Durchtrennungsgrad aus?

Dr. Knoll: Herr Müller, gibt es nach Ihrer Meinung einen direkten, quantitativ erfaßbaren Zusammenhang zwischen der Größe „Durchtrennungsgrad", besonders auch nach der neuen Definition, und dem Wert der „scheinbaren Kohäsion" oder anderer das Bruch- und Verformungsverhalten bestimmender Kennwerte einer Trennfläche im Bereich der maximalen Scherfestigkeit? Welche Form hat gegebenenfalls ein solcher Zusammenhang?

Alle Untersuchungen der ersten drei Vorträge gehen davon aus, daß ein Gebirge mit überschaubarer und meßbarer Klüftigkeit existiert, deren Einfluß auf das Bruch- und Verformungsverhalten sich quantitativ erfassen läßt. Es existiert also ein regelmäßig geklüftetes Gebirge. Wie grenzt sich dieser Gebirgstyp vom unregelmäßig geklüfteten Gebirge ab? Welche Berechnungsverfahren für Standsicherheitsbewertungen und welche Verfahren zur Bestimmung der Eingangsparameter scheinen für die beiden Typen gegenwärtig die aussichtsreichsten zu sein?

Dipl.-Ing. Müller: Ich muß Herrn Hofmann beipflichten, daß es sehr schwierig ist, für solche Zusammenhänge von zwei Kluftscharen (Staffelbrüche) die Durchtrennung anzugeben, da man den Durchtrennungsgrad von irgendwelchen Materialkennwerten freihalten will.

Zur Frage von Herrn Dr. Knoll: Der Durchtrennungsgrad wurde bewußt so konzipiert, um ihn von mechanischen Größen freizuhalten. Man hat sich bemüht, ihn möglichst nur rein geometrisch festzulegen. Erst wenn es gelungen ist, den Durchtrennungsgrad zu bestimmen, werden als nächster Schritt entlang der Klüfte die Reibungseigenschaften und entlang der Materialbrücken die Festigkeit des Materials eingesetzt.

Eine naturgegebene Grenze zwischen regelmäßig und unregelmäßig geklüftetem Gebirge gibt es nicht. Ich halte auch eine willkürliche Festlegung nicht für erforderlich.

Prof. Müller: Hinsichtlich der Bemerkung von Herrn Dr. Knoll möchte ich erwähnen, daß wir den absolut strengen Empfehlungen von Sander folgen, wenn wir die geometrische Beschreibung sauber von der Genese einerseits, aber auch von den mechanischen Auswirkungen andererseits trennen. Obwohl wir natürlich immer auf die mechanischen Auswirkungen zielen, muß sich die Beschreibung zunächst von jeder Mechanik fernhalten.

Eine zusätzliche Frage an Klaus Müller: Kann man bezüglich der erwähnten Fugenklassen von den Überlegungen Professor Clars ausgehen, welcher eine Unterteilung, eine Beschreibung der Flächengefüge nach Größentypen, gegeben hat?

Klaus Müller: Ich erinnere mich eines Diagramms, in dem die Summenlinie der Fugenabstände eines Gebirges, das voll durchklüftet war, für die drei Kluftscharen aufgetragen war. Auf diese Weise kann man nicht nur die mittlere Form der Kluftkörper, sondern auch ihre Verteilung sehr gut darstellen. Man könnte das z. B. auch mit dem Begriff der technischen Gebirgsfazies kombinieren, indem man die Häufigkeitsverteilung verschiedener Kluftflächen angibt.

Zum Vortrag Hofmann

Dipl.-Ing. Berger: Darf ich die am Institut von Prof. Müller gemachten theoretischen Versuche durch ein praktisches Beispiel belegen? Beim Bau eines doppelstöckigen Autostraßentunnels in Grauwackenschiefer (in Wuppertal) mußten wir außerhalb des Tunnels die Entflechtungsstrecken anlegen, wobei sich sehr steile Böschungen ergaben. Die Schichten fielen unter 70⁰ ein; wir hatten auch beim Tunnelausbruch ziemlich große Schwierigkeiten und verzeichneten oft zackige Ausbrüche. Es mußte erwartet werden, daß es bei den Böschungen, deren Schichten in den Berg hineinzeigten, zu Schwierigkeiten kommen würde. Man entschloß sich, die Böschung senkrecht von oben nach unten abzuteufen und die Wände jeweils durch Futtermauern an den Berg anzuhängen. Um festzustellen, mit welchen Spannungen man in den Ankern rechnen mußte, hatte man nach der klassischen Bodenmechanik eine Scherfläche angenommen und gesagt, daß man die potentielle Gleitmasse in den einzelnen Abschnitten durch Ankerkräfte halten muß. Man begann mit der ersten Platte, hob dann das Material aus und verankerte die Futtermauer hinter der Gleitfläche. Nach dem vierten Abschnitt zeigten sich schon die ersten Bewegungen in der Mauerspitze. Man nahm an, daß sich dieses Material hier etwas absenkte, und maß dem keine weitere Bedeutung zu. Die Anker waren auf 40 t pro Stück vorgespannt. Wenige Wochen vor der Eröffnung riß der erste Anker — unerwarteterweise für die damalige Zeit (vor 5 Jahren) war es der oberste. Bei Nachmessungen stellte man fest, daß die Klüfte oben aufgegangen waren, daß also das ganze System eine Rotation durchgemacht hat. Daraufhin wurden die Anker neu gesetzt und sehr schwach vorgespannt. Es hat sich eine weitere Rotation in Richtung Tal ergeben, welche jedoch bis heute zur Ruhe gekommen ist.

Dipl.-Ing. Weiss: Ich hatte Gelegenheit, durch Jahre hindurch einen sehr großen, postglazialen Talschub zu studieren und in diesem bergmännisch zu arbeiten. Es ist uns damals auch „gelungen", diesen Talzuschub in größtem Maßstab zu reaktivieren. Darüber hatten an dieser Stelle Prof. Clar und ich berichtet. Aus der Sicht des Praktikers kann ich nur bestätigen, daß Modellversuche wie die hier beschriebenen, auch wenn sie nicht materialäquivalent sind, sehr instruktiv und eindrucksvoll einige wesentliche kinematische Vorgänge wiedergeben. Wir haben an diesem Modell ganz deutlich die Bildung des Hakenwerfens gesehen, und es wurde dargestellt, daß dieses Hakenwerfen aus einer Rotation besteht. Sehr eindrucksvoll und in der Natur immer wieder im Zusammenhang mit Talzuschüben zu beobachten ist die Bildung von Hangrissen. Sehr schön war auch zu erkennen, wie im Zuge einer solchen durch den Böschungsabbau, durch ein weiteres Fortschreiten dieses Vorganges, sich dann zusätzlich neue Bewegungsflächen bilden, die letzten Endes unter ganz bestimmten Voraussetzungen zur Bruchnische führen, der Zeitpunkt also, wo der Übergang vom Kriechen oder Fließen zum Gleiten unter Umständen gegeben ist.

Dr. Hofmann: Es freut mich, hier die Bestätigung aus der Praxis zu hören. Ich möchte noch folgendes anschließen: Wir müssen, insbesondere wenn wir geknickte Gleitflächen haben, einen weiteren Parameter der Masse studieren, nämlich die Steifigkeit. Denn die Gleitmasse kann nur abrutschen, wenn sie sich verformen kann, wenn sich innerhalb der Gleitmasse Brüche bilden. Meines Erachtens sollte da der zukünftige Schwerpunkt der Erforschung solcher Gleitungen liegen.

Zum Vortrag Kolínský-Socha

Dr. Dvořák: Bezüglich der Möglichkeit, daß Sprengerschütterungen die Ursache der Rutschung an der Baugrubenwand waren, haben wir an der erwähnten Stelle seismische Messungen durchgeführt. Meiner Schätzung nach war die Intensität der Erschütterungen nicht so hoch, daß sie eine Rutschbewegung verursachen konnte. Außerdem kam es erst etwa drei Monate nach Beendigung der Sprengarbeiten zur Rutschung.

Prof. Veder: In den Ausführungen des Vortrages von Kolínský und Socha vermißte ich Hinweise über die Wirkung des Wassers. Denn es ist ja allgemein bekannt, inwieweit dieses im Boden und im Fels Rutschungen fördern kann.

Dr. Trauzettel: Der Vortragende sprach über einen Verbau, welcher einstürzte, dessen oberer Teil aber noch stand. Dies ist sicherlich nicht allein ein geologisches Problem. Hier dürfte der wesentliche Faktor auf bautechnischem, und zwar erdstatischem, konstruktivem Gebiet, wohl aber auch im wesentlichen auf dem Gebiet der Ausführung liegen. Wir haben in letzter Zeit viel Erfahrung mit Schiefertonen. Beim Bohren und Einpressen der Anker verwendet man viel Wasser; außerdem wird auch noch der Schmand mit Wasser ausgespült, worauf der Anker eingebracht wird. Man kann wohl bei Schiefertonen, die recht hart sind, etwas Druck aufbringen; meist wird zu wenig Druck aufgebracht. Es gibt sogar Verankerungen, die keine Verpressung, sondern nur ein Einfließen erfahren. Bedenkt man, daß der Beton etwas schwindet und daß manche Schiefertone durch die Benässung außergewöhnlich quellen, kann man sich vorstellen, daß bei einer zu stark gequollenen Bohrung ein Gleiten in den Ankern anfängt. Beginnt einmal ein solches Gleiten, dann fällt die Reibung in der ganzen Ebene weg, und es kommt zum Bruch.

Prof. Müller: Herr Socha, wurde und wenn ja, wie wurde eine Berechnung versucht, und welche Bruchfigur oder Gleitfläche hat man dabei angenommen? Weshalb ist der untere Teil der genannten Böschung, von dem ja anzunehmen ist, daß er am meisten beansprucht sein würde, nicht mit Beton und Ankern gesichert worden?

Dipl.-Ing. S o c h a : Zur Stabilität möchte ich noch sagen, daß die Gleitfläche im Querschnitt eine logarithmische Spirale ist. Wenn wir die Stabili-
tätsberechnungen durchführen, müssen wir zwei Bereiche unterscheiden: den
unteren Bereich mit relativ gesunden Schichten und den oberen Bereich mit
praktisch gänzlich verwitterten Schichten. Im oberen Bereich wurden die
Berechnungen nach bodenmechanischen Gesichtspunkten durchgeführt. Es
ist auch möglich, für die gesamte Gleitung die Bishop-Methode zu benutzen.
Die Lösungen wurden unter Berücksichtigung des Porenwasserdruckes gefunden.

Zum Filmvortrag Broili

Prof. H o r n i n g e r : Ich hatte bei der Betrachtung des Filmes den Eindruck, daß die Flugbahnen mehrerer Blöcke der mittleren Größenkategorie
nach dem ersten Aufprall eine deutliche Asymmetrie aufwiesen. Der kurze,
aufsteigende Ast bis zum Scheitelpunkt der Flugbahn schien stärker ge-
krümmt zu sein als der lange, mehr oder minder hangparallel liegende, zum
Teil stark gestreckte Fallast. Es kam der Gedanke auf, daß sich in dieser
Asymmetrie eine Trägerwirkung des vom Fallsturz komprimierten Luft-
Staub-Gemisches geltend mache. Man könnte diesen Gedanken weiterführen
und bei den bekannten riesigen Bergstürzen der Vergangenheit vom Dob-
ratsch und vom Tschirgant ebenfalls an die Mitwirkung verdichteter Luft
beim Transport der großen Blöcke vom Hangfuß über kilometerbreite Tal-
böden denken.

Prof. S c h e i d e g g e r : Ich habe die Mechanik des Felssturzes studiert
und kann sagen, daß die Asymmetrie der Wurfparabeln eine optische Täu-
schung ist. Die Kameras waren parallel zum Hang geneigt, dadurch entstand
diese scheinbare Asymmetrie.

Zum Vortrag Pacher

Dr. S p a n g : Die bisherigen Erfahrungen beruhen auf Tunneln aus
Natursteinen, teilweise minderer Qualität, die an den Fugen Wasser durch-
lassen und die bis etwa 1945 noch mit dem berüchtigten Mineurbeton gemacht wurden. Gegenüber diesen sind moderne Tunnel mit einem hoch-
wertigen Beton gebaut und einwandfrei abgedichtet, so daß man diesen eine
ganz beachtliche Lebensdauer zumessen kann. Erfahrungen seit 1945 bestätigen dies. Es schlägt bei der Wirtschaftlichkeitsberechnung zwischen Voreinschnitt und Tunnel doch wesentlich zu Buch, weil ja bei solchen Ver-
gleichsrechnungen auch die Unterhaltskosten der Tunnel mit berücksichtigt
werden. Meine Erfahrungen betreffen vor allem die Tunnel der Deutschen
Bundesbahn, bei denen sich dank moderner Tunnelbaumethoden die Unterhaltskosten in den kommenden Jahrzehnten doch ganz wesentlich verringern.

Dipl.-Ing. Stadler: Prof. Müller hat gestern von Bohrlochmessungen im Zusammenhang mit der Großrutschung auf dem Peloponnes gesprochen und Herr Pacher von den Geheimnissen des Berges, die dieser oft bis zur Zeit nach der Durchörterung für sich behält. Das zeigt, wie groß zum Zeitpunkt der Planung der Bedarf an gemessenen In-situ-Eigenschaften des Felsverbandes ist. Rechenprogramme sind letztlich so wertvoll wie die Erfahrung desjenigen, der für die Eingabe der Felsparameter verantwortlich ist.

Ich möchte daher in einem kurzen Diskussionsbeitrag von einem besonderen Bohrlochdilatometer berichten, bei dem eine Gummimanschette von 1 m Länge und 95 mm Durchmesser mit Drücken bis zu 300 atü an die Bohrlochwand angepreßt wird und die Verformung des Durchmessers in drei Richtungen direkt gemessen wird. Die mathematische Auswertung setzt zwar ein isotropes elastisches Kontinuum voraus, aber die gemessenen Werte bestätigen, da sie deutlich unter allgemein für Fels angenommenen Verformungsmoduln liegen, die Bedeutung der In-situ-Information gegenüber dem Laborversuch, dessen anderweitige Vorteile nicht bestritten seien. Diese Messungen ergeben eine Mischung aus Informationen über folgende Vorgänge: 1. die Rückbildung einer radialen Entspannung um das Bohrloch, die nach der Herstellung desselben eintrat; 2. die Zusammendrückung offener oder gefüllter Klüfte; 3. die elastische Kompression des kontinuierlichen Felskörpers; und 4. bei entsprechend hohem Innendruck Bruch der Bohrlochwand. Nach Ausklammerung von 1. und 4. verbleibt eine vernünftige Information über das Verhalten des Felsverbandes. In der rechnerischen Verwertung der Daten besteht noch eine gewisse Unsicherheit über die Wirkung des primären Spannungszustandes und der Klüfte bzw. deren Größe, Richtung, Abstand und Füllung. Wir haben daher vor, gerichtete Verformungsmessungen an vorgespannten Versuchskörpern von den Abmessungen des Einflußbereiches der Sonde anzustellen, unter Variation der obengenannten Parameter.

Dr. Lauffer: Bei den Bildern, die ja einerseits den Bauzustand, andererseits fertige Bauwerke gezeigt haben, fällt einem auf, daß offensichtlich die endgültigen Portalbauwerke in der Regel erst nachträglich erstellt werden und daß man sich bei der Sicherung des Portalbereiches während des Baues mit provisorischen Maßnahmen begnügt. Die diesbezüglichen Erfahrungen bei Wasserstollen, die ja allerdings in der Regel wesentlich kleinere Abmessungen haben, haben es als zweckmäßig erkennen lassen, die endgültige Portalsicherung möglichst schon vor Beginn des eigentlichen Stollenausbruches einzubringen. Tut man das nicht, muß man zuerst provisorisch, später dann endgültig sichern; das bedeutet Doppelarbeit. Bei den großen Abmessungen der Verkehrstunnel ist es allerdings viel schwieriger, die endgültige Sicherung vorweg auszuführen. Sie erfordert auch eine wesentlich frühere baureife Projektierung dieses Bereiches, die in vielen Fällen gewiß schwierig zu erreichen ist.

Prof. Müller: Zum Vortrag Pacher möchte ich voll beipflichtend darauf hinweisen, wie wichtig es ist, Voreinschnitte, insbesondere wenn sie schleifend in den Berg geführt werden, möglichst kurz zu halten. Es darf dabei erwähnt werden, um wieviel leichter dies durch neuere Bauweisen geworden ist. Wir können heute Tunnel bei viel geringerer Überlagerung anschlagen, als man dies noch vor 10 Jahren gewagt hat. Dadurch werden die Voreinschnitte wesentlich kürzer, die Böschungen weniger hoch und viele Schwierigkeiten vermieden, besonders dann, wenn nach Dr. Lauffers Vorschlag gleich ein kompaktes Portalbauwerk, möglichst funktional geformt wie das des Schwaikheimer Tunnels, entgegengesetzt wird. Ich schätze, daß die auf diese Weise vermeidbaren Schwierigkeiten mit der zweiten oder dritten Potenz der Voreinschnittlänge wachsen. Die Naht zwischen den gestrigen Vorträgen über Stabilität und Instabilität von Böschungen und den heutigen, die sich mit Tunnelbau befassen, wird in diesen Betrachtungen über Voreinschnitte deutlich. Diese noch offene Naht, welche Kollege Pacher meines Wissens damit zum erstenmal geschlossen hat, sollte weiter behandelt werden. Denn in den Voreinschnitten wie auch in den Tunneleingangsstrekken sind die Belastungsverhältnisse sehr unklar. Wir sind dort im Bereich der hangparallelen Entspannungsklüfte und eines Spannungszustandes, der weit davon entfernt ist, durch eine vertikal gerichtete größte Druckspannung gekennzeichnet zu sein.

Dipl.-Ing. Pacher: Ich danke den Herren Prof. Müller, Dr. Spang und Dipl.-Ing. Stadler für die Anregungen. Auf diejenige von Dr. Lauffer eingehend, möchte ich sagen, daß das gezeigte Bild mit den verankerten Pfahl- und Bohrwänden seine Forderung schon erfüllt; das sind bereits Teile des Bauwerkes. Meistens aber geschieht so etwas aus Zeitnot und aus Überangebot an Bagger- und Transportgerät nicht, sondern man reißt möglichst weit auf und beginnt erst dann den Vortrieb.

Zu den Vorträgen Baudendistel, Müller-Braunschweig, Lögters

Dr. Lauffer: Im Referat Baudendistel, das Dr. Malina vortrug, wurde angeführt, daß sich aufgrund der Finite-Element-Berechnung ergeben hat, daß für den Stollen bei 100 m Überlagerung und einer Seitendruckziffer $\lambda = 3$ die Verhältnisse mit einer Betonauskleidung nicht mehr zu bewältigen seien. Dieses Ergebnis ist eigentlich überraschend. Das Seitendruckverhältnis $\lambda = 3$ sagt ja nichts anderes, als daß in horizontaler Richtung eine Gebirgsspannung herrscht, die einer Vertikalspannung bei 300 m Überlagerung entspricht. Wenn man sich also den Stollen um 90^0 gedreht denkt, so müßten die Beanspruchungsverhältnisse ungefähr die gleichen sein wie bei einem Stollen von 300 m Überlagerung und einer Seitendruckziffer von $\lambda = 1/3$. Das sind Verhältnisse, die bei vielen Wasserstollen vorgekommen sind und bei denen sich in der Regel die minimale Betonwandstärke als ausreichend erwiesen hat. Es wäre sehr interessant, zu erfahren, wieso es zu dieser offensichtlichen Diskrepanz kommt.

Allerdings komme ich da auf einen Punkt zurück, den ich schon einige Male hier vorgebracht habe. Alle Wasserstollen werden bekanntlich durch

Hochdruckinjektionen nachträglich behandelt, was ja bei vielen anderen Stollen nicht der Fall ist. Ich bin überzeugt, daß diese Hochdruckinjektionen bei entsprechender Ausführung eine durchaus stabilisierende Wirkung haben, indem sie den Ausbauwiderstand bzw. die Belastung der Betonauskleidung vergleichmäßigen.

Dr. Lombardi: Nach den Berechnungen von Dr. Baudendistel wird angenommen, daß vor der Abtragung ein bestimmter Spannungszustand existiert und daß dieser nicht unbedingt den Gesetzen der Elastizität entspricht. Das habe ich sehr gerne gehört. Die Entlastung infolge der Abtragung wird aber als elastisch vorausgesetzt. Nun stellt sich die Frage, ob während der Zeit dieser Abtragung, die natürlich sehr lange gedauert hat, keine horizontalen Verschiebungen im Kontinent eingetreten sind, daß keine tektonischen Spannungen wirksam waren, da in diesem Falle diese Rechnung nicht so einfach wäre. Oder, anders ausgedrückt, hat man Hinweise, daß in Südafrika während der Zeit der Abtragung keine weitere Tektonik stattgefunden hat?

Können nach Meinung des Vortragenden die gleichen Überlegungen auch in den Alpen angewendet werden? Denn, obschon in den Alpen natürlich auch große Abtragungen stattgefunden haben, ist mir persönlich nicht bekannt, daß man größere horizontale Spannungen als die vertikalen gemessen hätte.

Dr. Feder: Der Fall einer extrem großen horizontalen Vorspannung des Gebirges wirft die Frage auf, welche Grenzen einem horizontalen Ruhedruck überhaupt gesetzt sind. Man würde eigentlich erwarten, daß Vorspannungen, die größeren Seitendruckbeiwerten als etwa 3 entsprechen, dazu neigen, einen Grundbruch nach oben auszulösen und damit durch Anheben des Gebirges eine Entlastung herbeizuführen. Es wäre in diesem Zusammenhang interessant, zu hören, ob die aus den Diagrammen gewonnenen großen Seitendruckbeiwerte als theoretische Daten aufzufassen sind, die extrem groß gewählt wurden, um in den rechnerischen Resultaten die Auswirkungen besonders deutlich zu zeigen, oder ob sich aufgrund von Messung und Beobachtung tatsächlich auf die Existenz so hoher Seitendruckbeiwerte schließen läßt.

Bei Seitendruckbeiwerten größer als 1, bei denen also ein kreisrunder Tunnelquerschnitt hochoval verformt würde, übernimmt — anstelle des vertikalen — der horizontale Bergdruck die Charakteristik der aktiven Belastung des Tunnelverbaues. Eine solche, vom Vorspannungszustand und nicht von Gravitationskräften ausgelöste Belastung entspricht nicht einer in voller Größe stetig nachdrängenden Last. Es müßte daher eigentlich in solchen Fällen ein bruchlos stauchfähiger Ausbau besondere Vorteile erwarten lassen, da sich mit dem Deformieren die belastende horizontale Vorspannung abbaut. Dieser Effekt wird natürlich noch durch die sonst auch wirksame Spannungsumlagerung verstärkt, welche die bekannte natürliche Gewölbewirkung des Gebirges begleitet.

Zum bruchlos stauchfähigen Tunnelausbau sei auch auf metallische Bauformen verwiesen, die bei richtiger Konstruktion ohne Absinken des

Tragvermögens Stauchungen in einer Größenordnung von 10% bruchlos ertragen und damit in besonders hohem Ausmaß in der Lage sind, das natürliche Tragvermögen des Gebirges zu aktivieren.

Dr. Knoll: Mit der Weiterentwicklung der Aussagekraft gesteinsphysikalischer Parameter, vor allem aber der Berechnungsverfahren, erhöht sich die Forderung nach zuverlässiger Messung des Spannungszustandes. Zu dieser Frage gibt es jedoch bekanntlich immer noch sehr verschiedene Auffassungen. Vielfach besteht die Meinung, daß kein meßbarer „Grundspannungszustand" erwartet werden kann. Leugnet man jedoch Existenz und Bestimmbarkeit eines räumlichen Grundspannungszustandes, dann leugnet man gleichzeitig jede Möglichkeit der Vorausberechnung von Sekundärspannungen, Verformungen und Brüchen in der Umgebung von Strukturen im Gebirge.

Die Ansicht, Standfestigkeitsbewertungen allein durch örtliche Bestimmung der wirkenden Spannungen in Konturnähe und Gegenüberstellung mit den Grenzwerten der Festigkeit durchzuführen, muß zu einer passiven Gebirgsmechanik führen.

Am Institut für Bergbausicherung Leipzig wird im allgemeinen von der Existenz eines Grundspannungszustandes ausgegangen und an dessen meßtechnischer Bestimmung gearbeitet. FEM-Analysen der Spannungen in der Umgebung eines Grubenhohlraumes im zweischarig geklüfteten Gebirgsmassiv zeigen, daß in der Konturnähe zwar große Unregelmäßigkeiten der wirkenden Spannungen nach Betrag und Richtung auftreten, daß aber in entsprechender Entfernung vom Hohlraum durchaus ein annähernd gleichbleibender Spannungszustand existiert. Dort wirken sich auch die beiden Kluftsysteme nicht mehr störend aus.

Zur Messung des Grundspannungszustandes stehen in erster Linie Verformungsmessungen auf der Grundlage der Entlastung bestimmter Gebirgsabschnitte (z. B. einer Bohrlochendfläche) zur Verfügung. Diese Verfahren besitzen jedoch verschiedene meßtechnische und analytische Unzulänglichkeiten.

Auf der Suche nach anderen physikalischen Effekten zur Spannungsbestimmung sind vom Institut für Bergbausicherheit zusammen mit dem Institut für Bergbau der Kolaer Filiale der Akademie der Wissenschaften der UdSSR vergleichende Messungen des Grundspannungszustandes nach der Methode der Entlastung der Bohrlochendfläche und aufgrund der Ausbreitungsgeschwindigkeit von Ultraschallwellen am gleichen Meßort (im geklüfteten silikatischen Schiefergebirge unter sehr hoher vertikaler und horizontaler Spannung) durchgeführt worden. Die Ultraschall-Messungen erwiesen sich als hinreichend aussagekräftig in bezug auf die Richtungen der maximalen und minimalen Hauptspannungen und auf die Seitendruckziffer und erforderten einen wesentlich geringeren Aufwand als Deformationsmessungen.

Im Ergebnis dieser Messungen ergab sich in sehr guter Näherung der gleiche Spannungszustand bei beiden Verfahren, was als weiteres Argument für die Existenz und die Bestimmbarkeit des Grundspannungszustandes angesehen werden kann. Die horizontale Spannung war auch hier größer als der unter Verwendung der Poisson-Zahl bestimmte Wert.

Prof. Rescher: Zur Frage des Seitendruckes, die ja sicher sehr umstritten ist, möchte ich folgendes sagen: Wir benützen heute zur Erfassung des — primären wir sekundären — Spannungszustandes in geklüfteten Medien die Methode der Finiten Elemente, aber auch Modelluntersuchungen. Beide haben ihre Vor- und Nachteile; aber sie haben eines gemeinsam: Wir sind gezwungen, aufgrund von Annahmen Randbedingungen in einem gewissen Abstand vom Hohlraum einzuführen, und da ist eben der Seitendruck enthalten. Nun haben wir aber bei Modelluntersuchungen gesehen, daß bei geklüftetem Gebirge bei der Beanspruchung sehr starke Effekte durch die Verzahnung und Verkeilung im Inneren des Mediums auftreten. Diese Wirkungen gehen bei Entlastung auch teilweise wieder elastisch zurück, solange ein Öffnen der Fugen vermieden wird. Der Effekt dieser Verkeilung und Verzahnung sind Spannungskonzentrationen, und damit ergibt sich die Frage, inwieweit In-situ-Messungen, die Punktmessungen für den Seitendruck sind, überhaupt repräsentativ sein können. Ich glaube, daß wir heute als einzige Methode zur Bestimmung des Seitendruckes die Verformungen des Hohlraumes mit Grenzfällen vergleichen, die wir berechnet oder modellmäßig untersucht haben. Ich stelle in Frage, daß Punktmessungen für das Seitendruckverhältnis repräsentativ sein können.

Dr. Lombardi: Herr Lögters hat uns gesagt, daß die Gelatine als Material ungeeignet sei. Besteht Aussicht, andere Materialien zu finden, oder muß man denken, daß diese Versuchsmethode nur qualitative Angaben liefern kann?

Prof. Müller: Auf die letzte Frage von Kollegen Rescher möchte ich, da Herr Baudendistel augenblicklich mit Messungen im Orange-Fish-Tunnel in Südafrika beschäftigt ist, an seiner Stelle eingehen. Das beste Mittel, Auskunft über die Seitendruckziffern zu erhalten, sind tatsächlich Deformationsmessungen in der Tunnelröhre. Die Bohrlochmessungen, welche die Gruppe Denkhaus—Bieniawski dort ausgeführt hat, haben interessanterweise die von Baudendistel errechneten Ziffern recht gut bestätigt. Sie haben Seitendruckverhältnisse von 1,3 bis 2,3, in einem Fall 2,8, in einem sogar 8 (leider als Ausreißer betrachtet) ergeben. Die dort gemessenen Absolutwerte haben aber nicht mit den errechneten Spannungen übereingestimmt, sondern waren in der Regel viel kleiner (in der Größenordnung von etwa 200 kp/cm²); besonders waren auch die gemessenen Vertikalspannungen weit geringer als das Gewicht der Überlagerung. Das dürfte aber wohl auf Unvollkommenheiten der Messungen als solcher, auf das Schwinden und Kriechen der tonhaltigen Gesteine zurückgehen.

Interessant ist die Problematik, die sich bezüglich der Deutung der geologischen Verhältnisse und deren Auswirkungen auf den Tunnel ergeben hat. Wir befinden uns in der Karoo in völlig „ruhig" gelagerten Schichten. Die Ablagerungen sind ungestört im Sinne der Geologie, und man hat daraus, wie üblich, auf die Abwesenheit größerer Spannungen geschlossen. Meine

Mitarbeiter Dr. S p a u n, Dipl.-Ing. G ö t z und Dipl.-Ing. J a g s c h haben dann aber doch interessante Indizien für vorhandene Spannungen gefunden, z. B. in einem Bachbett Schichten, die sich nach ihrer Freilegung aufwölbten. Aus den durchgeführten Kluftmessungen ist hervorgegangen, daß im Gebirge (zumindest zu der Zeit, in der die Klüfte entstanden waren) ein nennenswerter Druck von einigen 100 kp/cm² geherrscht haben muß, dessen größte Spannungsachse quer zum Tunnel und dessen Zugspannung etwa parallel zur Tunnelachse gerichtet waren. Von der Gruppe B i e n i a w s k i vorgenommene Spannungsmessungen haben genau dieses Spannungsverhältnis wiedergegeben.

In dem Tunnel sind merkwürdige Erscheinungen eingetreten. Messungen im Tunnel sind leider meist schwer auszuwerten, da nur die seitlichen Deformationen gemessen werden, die Messung der vertikalen Deformationen aber aus betrieblichen Gründen Schwierigkeiten macht. In der Firste kann man dem mit aufgehängten Meßlatten abhelfen, aber in der Sohle, wo eine Schleppweiche nachgeführt oder transportiert wird, sind verläßliche Messungen oft nicht möglich. So ist zur Zeit der Rückschluß auf die Seitendruckziffer noch nicht möglich. Die Deformationen gehen aber langsam weiter. Es gibt dort Strecken, wo sich noch nach Monaten, selbst nach Jahren, in einem standfesten Gebirge, das keine Beschädigungen zeigt, horizontale Konvergenzen in der Größenordnung von $^1/_{10}$ mm pro Woche bis zu 1 oder 2 mm pro Woche ereignen. Ganz absonderlich ist z. B. die Tatsache, daß in einer Strecke am Eingang des Tunnels, die sich 1¹/₂ Jahre lang als standfest erwiesen und auch kaum eine Abschalung gezeigt hat, der Beton der endgültigen Auskleidung in einer Stärke von ungefähr 40 cm heftig gebrochen ist. Ohne Zweifel spielen dort aktuelle, gegenwärtige Spannungen eine Rolle, und es ist mir zur Gewißheit geworden, daß gerade eine geologisch „ruhige" Lagerung horizontaler Schichten besonders spannungsverdächtig ist. Wo solche Schichten Gelegenheit hatten, sich aufzufalten, sind sie von den mehr oder minder horizontalen Spannungen entlastet. Wo nicht, ist in ihnen die ganze Spannung (vielleicht bis zur Höhe der Knicklast) noch vorhanden.

Dr. M a l i n a : Zur Frage, ob das verhältnismäßig hohe Seitendruckverhältnis von 3 überhaupt existieren kann, glaube ich, daß wir damit ungefähr an der Grenze des Möglichen für einen unausgekleideten Tunnel liegen, denn das wäre ja umgekehrt gesehen ein Verhältnis von $^1/_3$, und das kommt schon den Werten nahe, die einen Tunnel wenig standfest werden lassen.

Dipl.-Ing. L ö g t e r s : Die beschriebenen Gelatinemodellversuche lassen deutlich erkennen, daß sich der elastische Deformationsanteil sofort beim Ausbruch des Hohlraumes einstellt. Erst danach werden geringe, etwa gleichgerichtete Verformungen beobachtet, die um mehrere Größenordnungen langsamer vor sich gehen.

Die Ergebnisse der Modellversuche sind im Augenblick rein qualitativer Natur. Mit Hilfe einer genauen Untersuchung des zeitabhängigen Stoffverhaltens der Gelatine wird versucht werden, auch quantitative Aussagen zu erhalten. Im Gegensatz zu anderen am Institut für Bodenmechanik und

Felsmechanik in Karlsruhe verwendeten Modellmaterialien erlaubt die Gelatine aufgrund ihrer Transparenz die Messung räumlicher Verschiebungen an beliebigen Stellen des Modellkörpers. Da zum einen der dreidimensionalen Betrachtungsweise des unterirdischen Verformungsvorganges große Bedeutung zukommt, zum anderen aber die Erweiterung auf die dritte Dimension bei undurchsichtigen Modellkörpern große meßtechnische Probleme aufwirft, wird die Gelatine noch weiter verwendet werden, bis ihr Stoffverhalten und damt die Grenzen ihrer Anwendungsmöglichkeit genauer bekannt sind.

Zum Vortrag Lombardi

Dr. M. John: Besteht ein Zusammenhang zwischen den vier Klassen, die das Gebirge hinsichtlich der Standfestigkeit der Brust und der Tunnellaibung charakterisieren, und den fünf Felstypen, die für den Basistunnel aufgezeigt wurden? Wie kommen Sie zur Abgrenzung dieser beiden Zonen?

Bezüglich der Ausbruchmethode haben Sie erwähnt, daß Sie mit dieser Typisierung festgelegt werden kann. Welche Kriterien sind maßgebend, um z. B. zu entscheiden, ob Fräsen in Frage kommt oder nicht?

Prof. Weiss: Dr. Lombardi hat in seiner Darstellung vier bzw. fünf Felstypen angegeben; es wäre sehr interessant, zu erfahren, wie er zu den einzelnen Werten hinsichtlich Reibungskoeffizienten, Kohäsion und vielleicht den Seitendruckzahlen λ kommt, noch dazu, wo es sich um einen sehr tiefliegenden Tunnel handelt.

In Österreich werden bei geringen Überlagerungen oder bei geologisch überschaubaren Verhältnissen die einzelnen Gebirgsarten bei kleineren Stollen nach der Laufferschen Einteilung und bei größeren Hohlraumbauten nach der Rabcewicz-Einteilung bezeichnet. Gewisse Faktoren geben Indizien für die Klassifizierung der Gesteine, ausgehend von der petrographischen Analyse, den Gefügemerkmalen, chemischen Merkmalen, die immer mehr an Bedeutung gewinnen, und der Einwirkung des Bergwassers. Feuchtigkeit kann ein tektonisch gestörtes Medium derart verändern, daß ein nach Klasse 3 vorgesehener Ausbruch in Klasse 4 oder 5 eingestuft werden muß.

Dr. Lauffer: Ergänzend möchte ich darauf hinweisen, daß sich ja offensichtlich die Klassifizierung, die Dr. Lombardi gebracht hat, auf die endgültige Auskleidung und auf das endgültige Verhalten des Stollens bezieht, während unsere Vortriebsklassifizierung, wie wir sie normal bei Stollen mit kleinerer oder mittlerer Überlagerung verwenden, eben eine reine Vortriebsklassifizierung ist, die die Standfestigkeit des Gebirges im Arbeitsbereich beim Vortrieb charakterisiert und ausdrücklich ja auch nach Definition nicht gleichzeitig für die Bemessung der endgültigen Auskleidung verwendet wird.

Dr. Lombardi: Im oberflächennahen und auch im Basistunnel werden die Leistungen der Unternehmungen für den Ausbruch aufgrund von Ausbruchklassen abgerechnet. Diese Klassen beziehen sich auf die vorhandene

Stabilität oder Stabilisierungsmaßnahmen, die beim Vortrieb nötig sind. Sie sollen den Schwierigkeitsgrad des Ausbruches wiedergeben. Wir haben normalerweise sechs Ausbruchklassen, welche ungefähr mit den klassischen Begriffen von standfest, gebräch, druckhaft usw. aber nur zum Teil übereinstimmen dürften. Wir glauben, daß es von großer Bedeutung ist, drei Begriffe klar auseinanderzuhalten, nämlich die Begriffe Felstyp, Standfestigkeitsfall und Ausbruchklasse. Der Felstyp bezieht sich nach unserer Meinung allein auf die materialtechnischen Eigenschaften des Felsens. Der Stabilitätsfall ist das Ergebnis des Zusammenwirkens von Felsqualität, also von Felstyp, natürlichem Spannungszustand und Profilgröße. Jeder Standfestigkeitsfall kann grundsätzlich bei jedem Felstyp vorkommen. Die Ausbruchklasse soll hingegen die praktische Schwierigkeit im Ausbruch erfassen. Es besteht sicher eine bestimmte, aber keine eindeutige Beziehung zwischen Standfestigkeitsfall und Ausbruchklasse, denn ein Standfestigkeitsfall besagt einfach, daß bestimmte Gleichgewichte erreicht werden können; oder eben nicht oder nicht ohne weiteres erreicht werden können. Die Standfestigkeitsfälle besagen noch nicht, welche Kräfte im Spiele stehen, somit welche Sicherungsmaßnahmen und welche Auskleidungsstärken nötig sind. Aber eine klare Trennung dieser drei Begriffe sollte gestatten, eine Ausschreibungsart zu finden, welche einen großen Teil der üblichen Schwierigkeiten vermeiden sollte. Also, bei jedem Felstyp kann jeder Standfestigkeitsfall vorkommen und umgekehrt.

Eine weitere Frage ist, ob und wie man das Fräsen ausschließen kann. Im Falle des Basistunnels sind wir zum Schluß gekommen, daß im Stabilitätsfall IV die Fräse nicht eingesetzt werden darf. Dieser Stabilitätsfall liegt nämlich vor, wenn sowohl der Tunnelumfang als auch die Brust nicht stabil sind. Es handelt sich um einen Fall, der viel Ähnlichkeit mit Tunneln im Lehm hat, wo man mit einem Schild oder mit einer Fräsmaschine vorgehen kann und Brust und Laibung stützt. Man kann sich aber bei der heutigen Entwicklung der Vortriebsmaschinen nicht vorstellen, daß das im harten Granit möglich ist.

Eine weitere Frage ist, wie Reibung, Kohäsion und λ-Werte bestimmt worden sind und aufgrund welcher Aufschlüsse. Wir haben am Gotthard das Glück, daß wir nicht nur Oberflächenaufschlüsse haben, sondern bereits einige Kilometer vom Straßentunnel, der bis 1300 m unter der Erde liegt. Es sind im Gebirge viele Kraftwerke und sonstige Untertagebauten gebaut worden, so daß man viele zusätzliche Aufschlüsse hat. Die Reibungswinkel sind bei allen in Frage kommenden Gesteinen aufgrund von Scherversuchen beurteilt worden, und man hat dazu zur Berücksichtigung der Welligkeit oder der Rauhigkeit der Bruchfläche noch einen Zuschlag gegeben. Dasselbe könnte bei der Kohäsion gesagt werden. Allerdings muß hier eine Unterscheidung gemacht werden zwischen der Kohäsion auf einer Reibungsfläche und derjenigen auf einer Diskontinuitätsfläche. Physikalisch gibt es auf einer Diskontinuitätsfläche keine Kohäsion, weil keine Zugkraft aufgenommen werden kann, aber praktisch kann man doch mit einer „technischen Kohäsion" rechnen. Nun muß man wieder unterscheiden zwischen der Kohäsion auf einer

Diskontinuitätsfläche und der Kohäsion im Gefügeverband. In dieser zweiten Kohäsion kommt zur Wirkung, daß man nicht in jeder beliebigen Richtung eine Bruchfläche oder eine Gleitfläche hat.

Die λ-Werte sind nicht direkt bestimmt worden, weil man im Moment keine zugänglichen Möglichkeiten hat, die Werte zu messen. Wir haben uns begnügt, zwei theoretische Grenzwerte, nämlich 0,7 und 1,5, anzugeben.

Es ist ganz klar, daß das Bergwasser eine Klassenänderung und eine Änderung des Stabilitätsfalles verursachen kann. Das wurde soweit berücksichtigt. Aber die Absicht ist, durch entsprechende großangelegte Dränagen zu vermeiden, daß man Wasserdruck direkt in der Nähe des Hohlraumes bekommt. Wo das nicht möglich ist, muß man natürlich mit den üblichen Methoden von Injektionen usw. vorgehen.

Zum Vortrag Dvořák

Dr. Zanoskar: Nach meiner Erfahrung werden die Schäden, die sich in Tunneln ergeben, wenn in der Nähe gesprengt wird, überschätzt. Ich habe selbst einige Erfahrungen gemacht, beispielsweise als die erste Großbohrlochsprengung unweit von Salzburg, bei Tagger, in einer Entfernung von etwa 30 m vom Tunnel der Österreichischen Bundesbahnen, durchgeführt wurde. Ich kann versichern, daß nicht einmal der Ruß herunterfiel, ein Zeichen dafür, daß die Sprengerschütterung zweifellos überschätzt worden ist. Ein weiterer Fall: Beim Simplontunnel ist, wie den Herren ja bekannt ist, zuerst die eine Röhre aufgefahren worden und zu einem späteren Zeitpunkt die zweite. Niemandem ist bekanntgeworden, daß etwa während des Vortriebes der zweiten Röhre der Betrieb in der ersten Röhre eingestellt worden wäre. Ich erkläre mir die Sache damit, daß sich jede Sprengerschütterung an den Kluftflächen totläuft. Und je kleinklüftiger das Gebirge ist, desto stärker ist diese Erscheinung. Wasser würde solche Erschütterung deutlich weiterleiten, das Gebirge tut es nicht.

Für die Redigierung und Bearbeitung der Diskussionsbeiträge wird Herrn Dr. Erwin Brückl, Institut für Geophysik der Technischen Hochschule Wien, herzlich gedankt.